湿原の植物誌

北海道のフィールドから

冨士田裕子 ──［著］

東京大学出版会

A Natural History of Wetlands and Plants in Hokkaido
Hiroko FUJITA
University of Tokyo Press, 2017
ISBN 978-4-13-060250-1

はじめに

　湿原の調査は想像以上に厳しい．まず普通の靴では入れない．長靴でも事足りず胴長が必要なことが多い．胴長は動きにくい上に暑苦しい．快晴の夏の調査は，隠れる場所もない炎天下で汗だくになって行う．さらに湿原は，平らではない．一見平らであるが，中に入ると，盛り上がったブルテ（ハンモックとも呼ばれる湿原内の凸地）や水の溜まった低まりであるシュレンケ（ホローとも呼ばれる湿原内の凹地）が不規則に出現する．特に北海道東部の湿原のブルテは高さが1m近くあることもあり，大変歩きにくい．時には危険もある．ヤチマナコと呼ばれる身の丈ほどもある穴が湿原内の草に隠れて，落とし穴のように点在する．同じ景色が続き，湿地林の中などに入ったら，自分の居場所がわからなくなり，しばしば迷う．湿原内の蛇行河川は思いのほか深く，渡れないことも多いし，落ちたりはまったりしたら危険だ．
　では，なぜこんなに条件の悪い湿原で調査を行うのか？　それは，しんどい場所であるにもかかわらず，湿原でしか見られない生き物や風景があり，それらが素晴らしいからだ．植物生態学者として研究を続けるには，もっと取り付きやすくわかりやすい生態系や植物がある．にもかかわらず，性懲りもなく湿原へ毎年通い続けるのは，湿原と湿原の植物に不思議な魅力があるからである．陸域と水域の中間のような，この不思議な生態系の魅力について，僭越ではあるが，少しでも読者の皆さんに紹介できたらと思う．そして，この生態系のユニークさとともに，人間に邪魔にされ，長いこと価値を認めてもらえなかったために減少の一途をたどってきた湿原を，これからどのように保護・保全していったらよいのか，皆さんと考えたい．本書が考えるヒント，いや考える発端になってくれれば，幸いである．
　20世紀は，人間が利便性と利潤・豊かさを求めて自然に背を向けた世紀であった．そのつけが，地球環境の悪化や激変，生物多様性の減少という形ではっきりと現れてきた．そしてその実態や進み具合は，われわれ一般市民が考えるよりも，実ははるかに深刻で加速度的に速くなっている．21世紀

は，いかに人間が自然に回帰し，利便性の追求をやめ，少々不便であってもそれを受け入れ，本当の豊かさが何なのかを冷静に考え，真の人間性を取り戻す成熟の世紀でありたい．これができなければ，私の大好きな湿原も早晩消滅する運命であろう．

　私のような微力な人間には何もできないが，湿原という水のゆりかごを通して，皆さんに少しでも不思議な自然の魅力と，危機的な地球環境を身近に感じていただければと思う．

目　　次

はじめに……………………………………………………………………… i

第1章　湿原への招待………………………………………………………… 1
　1.1　湿原との出会い……………………………………………………… 1
　1.2　太古の沖積平野の森と湿原………………………………………… 3
　1.3　湿原とは何か………………………………………………………… 5
第2章　湿原の自然誌………………………………………………………… 10
　2.1　泥炭地湿原と非泥炭地湿原………………………………………… 10
　2.2　北海道の湿原の分布状況…………………………………………… 15
　2.3　湿原の起源…………………………………………………………… 30
　　　（1）低地湿原の形成開始年代とその特徴　*32*
　　　（2）山地湿原の形成開始年代とその特徴　*42*
　2.4　湿原の形成…………………………………………………………… 45
　　　（1）低地湿原の成因と形成過程　*45*　（2）山地湿原の成因と特徴　*51*
　2.5　湿原の植生…………………………………………………………… 54
　　　（1）北海道の現存湿原のグルーピング　*54*　（2）湿原植生の分類　*57*
第3章　湿原の植物…………………………………………………………… 64
　3.1　ミズバショウ——北の気候に適応したサトイモ科の不思議な植物… 64
　　　（1）ミズバショウとは　*64*　（2）ミズバショウ調査が始まった訳　*67*
　　　（3）ミズバショウの形態と生活環　*68*　（4）ミズバショウの1年　*71*
　　　（5）巨大化の理由　*73*
　　　（6）どのくらいからオトナになるのか
　　　　　——開花は何歳になると始まるのか？　*77*
　　　（7）謎がいっぱい　*81*
　3.2　ムセンスゲ——植物地理学的・植生地理学的視点から……………… 87

（1）ムセンスゲを見つける　*87*　　（2）ムセンスゲの出現場所　*91*
　　　（3）国後島へ　*93*　　（4）国後島で発見！　*96*
　　　（5）猿払川湿原とムセンスゲ　*98*

　3.3　チョウジソウ——絶滅が心配される氾濫原の草本植物…………*101*
　　　（1）石狩でチョウジソウを発見　*101*
　　　（2）本当に北海道に自生しないのか？　*104*
　　　（3）全国の分布状況　*106*
　　　（4）どこから北海道にやって来たのか？　*109*
　　　（5）絶滅のおそれの高い湿生植物の未来　*110*

　3.4　ハンノキ——湿地で耐えるための戦略………………………………*111*
　　　（1）ハンノキとは　*111*
　　　（2）どんな場所に湿地林を形成するのか　*113*
　　　（3）湿地林内で地下水位を測定　*115*
　　　（4）地下水位の高さと変動パターン　*120*
　　　（5）耐水性戦略　*124*
　　　（6）湿地林を構成する樹種のすみわけ　*127*
　　　（7）萌芽更新　*128*
　　　（8）今，釧路湿原で起きていること　*134*

第4章　失われつつある湿原………………………………………………*139*

　4.1　湿原の変遷…………………………………………………………………*139*

　4.2　なぜ失われつつあるのか——減少の理由と保護状況……………*141*
　　　（1）湿原面積の推移　*141*　　（2）湿原の所有形態　*141*
　　　（3）湿原の保護状況　*143*

　4.3　静狩湿原……………………………………………………………………*145*
　　　（1）静狩湿原の現状　*146*　　（2）指定当時の静狩湿原　*147*
　　　（3）天然記念物の指定解除の経緯　*152*
　　　（4）指定解除後の静狩湿原の縮小と劣化　*154*

　4.4　石狩泥炭地…………………………………………………………………*158*
　　　（1）石狩泥炭地の変遷　*158*　　（2）開発以前の湿原　*161*
　　　（3）残存湿原の様子——月ヶ湖湿原と美唄湿原　*163*
　　　（4）推測！　植生変遷　*166*　　（5）篠路湿原　*168*

4.5 釧路湿原···173
　（1）湿原の変遷　173　　（2）植生変化　179
　（3）開発から再生へ，視点は変えてみたが……　183

第5章　よみがえれ湿原···189
5.1 植生復元と自然再生とは···189
5.2 復元目標の設定と復元の手順···192
　（1）復元目標設定に必要なデータ　192
　（2）復元目標の設定と復元の手順　193
　（3）荒廃原因の排除　196
5.3 新たな模索と試み···200
　（1）生物多様性の評価　200
　（2）保全方策構築のための試験研究　204
　（3）行政・研究者・住民の連携と協働　213

引用文献···219
おわりに···237
事項索引···241
生物名索引···243

第 1 章　湿原への招待

1.1　湿原との出会い

　大学 3 年の時である．私は東北大学農学部農学科の学生であった．農学部に入ったものの，どうしても作物の研究になじめず，野生植物の生態の研究がやりたかった私は，宮城県鳴子町川渡にある農学部附属演習林の西口親雄先生のところに押しかけ，樹木のことを教わっていた．東北大学農学部には林学科が存在しない．にもかかわらず，なぜか川渡には農場とともに演習林の森が実在し，当時，1 名の教官と 1 名の技術職員が森を管理していた．西口先生は一応，農学科に所属する教員なのだが，研究室をもたず学生もとれない状態だった．若気の至りで，演習林で卒論研究がしたいと，農学科の先生方に直訴した．その願いは後に認められるのだが，3 年生の夏休みは西口先生のご好意で川渡に居候させてもらっていた．

　ある日，先生が「今日は天気もいいし，田代に行ってみましょうか」とおっしゃった．田代……？　「近頃では珍しいハンノキの林とハルニレの林があるのですよ」というわけで，何が何だかわからないまま，先生と「田代」に出かけることになった．その時の私は，田代が私の卒業論文，修士論文，博士論文の主要調査地となり，7 年以上も頻繁に通うことになるなどとは夢にも思わなかった．田代は，農場・演習林内から行くよりは，公道を迂回した方が便利な場所で，鳴子ダムの脇を走り，途中から林道を行く．曲がりくねった未舗装の林道をしばらく上っていくと，途中から林道の脇に主流の田代川の流れが見えてくる．標高約 450 m 付近で道路脇に車を止め，徒歩で田代川を横断し進むと，その場所は広がっている．山地帯の丘陵地を開析する田代川の数本の支流が形成した，小さな小さな谷底平野面が帯状に広

図 1.1 宮城県鳴子町川渡田代の湿地林.

がる場所で,その谷底面に目的の林はあった.

　細かいことは忘れてしまったが,藪を少々漕いで進むと,そこには私が今まで見たこともない湿った場所に生えるハンノキやヤチダモの林が広がっていた(図1.1).湿地内を流れる小さな川のすぐ横に高さ10m以上のヤチダモやハンノキが生えている.ヤチダモは流水によって根が洗われるような場所にも生えている.地面はグチャグチャで,長靴で踏むと水がしみ出てくる.しかし思いのほか,林床には様々な植物が生育しており,林内は明るい.西口先生が楽しそうに「昔はこういった林が日本中のあちこちに広がってたわけね.ほとんどが,水田に変えられてしまい消えてしまったけど……. いわば,これは太古の森,日本の低地にはこんな森が広がっていたんです」と優しい口調でおっしゃった.私は知識が足りず,この言葉の重さも内容も十分理解できなかったのだが,妙に心に残りよく覚えている.今になって,西口先生の含蓄の深いお言葉に感心するばかりである.これが,私と湿地との初めての出会いであった.

1.2 太古の沖積平野の森と湿原

それでは，西口先生がおっしゃった太古の森とは，どのような森で，どこにどの程度広がっていたのだろうか？

日本列島は読者の皆さんもご存知のように，急峻な山が連なる島国で，平らなところといえば，河川が形成した沖積平野か盆地ぐらいである．大陸のような広大な平原はない．そのため沖積平野は，昔から人間の居住地として利用されてきた．沖積平野とは，河川の運搬物質や洪水によって運ばれた堆積物が地層を作りながら埋め立てていく作用（沖積作用）によって形成された平野を指す．沖積平野には様々な特有の地形が見られ，『地形学辞典』の「沖積平野」の説明によれば，日本の大河川の沖積平野は，多くの場合，上流から下流に向かって扇状地帯，自然堤防と後背湿地の卓越する自然堤防帯，さらに下流に三角洲帯が配列する（森山・小野，1981）．河川は大雨時などに，しばしば氾濫し洪水を引き起こす．大雨時の河川の水は，礫や砂，泥などを含んだ濁流となり，これが氾濫すると，地表で流速が遅くなり，河川の傍に粒径の大きい物質から堆積していく．このため，河川脇には砂やシルトなどからなる自然堤防と呼ばれる高まりが形成される．そしてその後ろ側は後背湿地と呼ばれ，河川氾濫時に自然堤防付近で落としこねた粒径の小さい粘土やシルトなどが堆積する水はけの悪い湿地となる．

自然堤防上には，東北以北ではハルニレを主体とした湿地林が成立する．関東地方から西では，エノキやムクノキの優占する湿地林が成立する．そしてその後ろ側の過湿な立地には，北ではヤチダモ林が広がる．西日本の湿性林に詳しい高知大学の比嘉基紀助教に聞いたところ，残念ながら西日本では，このヤチダモ林に該当する林が何なのかはよくわかっていないそうだ．該当立地が改変されていること，さらに北日本と西日本では地形条件（流路長や河床勾配）と水位変動パターンが異なることから，一概に北日本と西日本の比較ができない（ヤチダモ林に相当する部分が欠損している可能性もあるのかもしれない）．また，自然堤防上のエノキやムクノキの林についても検討が必要だそうだ．

このヤチダモ帯のさらに後ろの水はけの悪い後背湿地には，北日本でも西日本でもハンノキ林が形成され，もっと湛水するような場所には樹林ではな

く湿生の草原やヨシ原が広がる．特に東北地方の一部や北海道の後背湿地では，水はけの悪さと低温で微生物の活性が低いため，植物遺体の分解が進まず泥炭が形成，堆積する．沖積平野は，人間の影響が及ぶ前，あるいは人間の影響が小さい時代には，湿地林と湿生草原がモザイク状に交錯した湿地となり，それが日本の平野に広がっていたと考えられる．

　立命館大学環太平洋文明研究センターの安田喜憲センター長は，東北大学大学院理学研究科の大学院生の時，宮城県多賀城址の泥炭の花粉分析から，畿内大和政権の東北進出以前は，沖積平野にハンノキを主体とする林が広範囲に成立していたが，7世紀後半頃に農耕活動を伴った人間の沖積平野への進出によって，急速に切り開かれていったことを明らかにしている（安田，1973）．また，日本大学文理学部教授であった小元久仁夫先生は，東北大学理学部で助手をされていた頃，仙台平野で完新世の海水準変化を解明するための調査を行った．仙台平野の表層は砂や泥を主体とする氾濫原堆積物で構成され，自然堤防付近では砂礫が卓越し，後背湿地では砂や泥，泥炭が堆積しており（小元・大内，1978），人間の影響がない自然状態では，湿地林とヨシやスゲの優占する湿生草原が卓越する環境だったと思われる．小元先生たちは，3か所の露頭から試料をサンプリングし，花粉分析，珪藻分析を実施，現地調査，空中写真の判読，ボーリングデータの解析，既存研究成果から仙台平野の完新世海水準変化・環境変遷・地形発達を考察されている（小元・大内，1978）．そして植生変遷と気候変化に関する考察の中で，現在の植生が反映されている1500年前から現在に至る時期にハンノキ属の花粉の減少が見られ，人為的影響を意味すると述べている（小元・大内，1978）．

　類似の人間の影響は関東地方でも指摘されている．東京大学大学院新領域創成科学研究科の辻誠一郎教授は，東京湾東岸の房総半島北西部の村田川流域のおぼれ谷を埋積する沖積層で試料を採取し，花粉分析，大型植物遺体の同定を実施した（辻ほか，1983）．その結果，おおよそ2300年前頃から稲作が始まり，イネの出現開始と同時か多少遅れて，ハンノキ属花粉が急減しており，これは低湿地利用のための人間による湿地林破壊を示唆していると述べている（辻ほか，1983）．辻先生は，九十九里平野北部の椿海低地帯でも花粉分析により，1500年前頃からのハンノキ属や広葉樹花粉の急速な出現率の低下は，人為的な森林破壊と低地における水田耕作を示していると述べ

ている（辻・鈴木, 1977）．千葉県松戸市と流山市の間に位置する「古流山湾」と呼ばれる地域での調査研究結果でも，1800年前頃，低湿地で優勢であったハンノキ林の衰退とガマ属やカヤツリグサ科の急増が見られ，低湿地の水位上昇と人間による湿地林伐採などの可能性が示唆されている（遠藤ほか, 1989）．

　少なくとも，関東以北の沖積平野内には稲作が広がる以前，湿地林と湿生草本群落がモザイク状に交錯した湿地が広がっていたことは，間違いないようだ．西口先生のおっしゃった太古の森とは，人間による影響が及ぶ前の沖積平野の湿地林を指していたのである．

1.3　湿原とは何か

　上記でご紹介したように，日本の沖積平野にはかつて，多くの湿地が広がっていた．そこには私が田代で見たような湿地林のほかに，広大なヨシ原（図1.2C）やマット状のミズゴケが地表を覆い，湿原特有の小型の植物たちが生育するいわゆる高層湿原（図1.2A），スゲやヌマガヤなどが繁茂する草原状のもの（図1.2B），河口部の塩湿地（図1.2D）など，湿原景観を作り出す様々な植物群落が分布していた．「湿地」あるいは「湿原」と私たちは気軽に呼んでいるが，それではどのような場所を湿原と呼ぶのであろうか？

　いわゆる広義の湿地（wetland）とは，排水不良の土地に自然状態で何らかの湿生植物が生えている景観を有する場所を指す総称である．生えている植物群落は湿生草本群落でも湿地林でもかまわないし，土壌が有機質土壌の泥炭であろうが，無機質の鉱物質土壌であろうが，それは問題ではない．ラムサール条約（特に水鳥の生息地として国際的に重要な湿地の保全に関する条約）では，湿地の定義はさらに広く，天然，人工，永続的か一時的かを問わず，水が滞っているか流れているか，淡水か汽水か海水かも問わず，沼沢地，湿原，泥炭地または水域を指し，低潮時の水深が6mを超えない海域までも含むとされる．この定義でいけば，たとえば水田もりっぱな湿地である．

　一般には湿地＝湿原と思われている方が多いだろうし，またそのように使われることも多いが，実は湿原は狭い意味に限定すると，過湿なために植物

図 1.2 様々な湿原景観．A：高層湿原植生（サロベツ湿原），B：中間湿原（サロベツ湿

原 ヌマガヤ群落),C:低層湿原(釧路湿原 ヨシ群落),D:塩湿地(霧多布湿原).

遺体の分解が進まず形成される泥炭が堆積した土地である「泥炭地」の上に発達した植生を指す．農耕地土壌分類第三次改訂版では，泥炭層が表層50 cm 以内に積算して 25 cm 以上ある土壌を泥炭土と定義している（農耕地土壌分類委員会，1995）．つまり，「湿原」を限定して使うと，泥炭地上に湿生植物が群落を形成し生育している状態の湿地のみを指すことになる．英語の「mire」がこれに当たる．最近は，湿地の教科書的な専門書においても（Charman, 2002；Mitsch and Gosselink, 2015），後述する泥炭ではない鉱物質の土壌上に成立する湿地も含める「広義」の扱いが一般的になっており，「wetland」つまり湿地という言葉を使用している．

　有機質土壌（泥炭）を形成するタイプ（peat-forming）の湿地（mire）は，さらに bog と fen に分けられている．bog とは降水（雨や雪，霧）だけで湿原に水が供給される貧栄養な雨水涵養性のミズゴケが発達するような高層湿原植生が見られるタイプを指し，fen は降水に加え周辺から水が流れ込むような地形を有し，ヨシやスゲの卓越するような低層湿原植生が成立している．fen は，さらに富栄養（rich fen），貧栄養（poor fen）な環境なのかで区別されることが多い．

　一方，鉱物質土壌上に形成されるタイプ（non-peat forming）の湿地で水位の高い沼沢地は marsh と呼ばれ，fen と類似のイネ科やカヤツリグサ科植物が優占する草本群落が成立する．また，鉱質土壌環境下には swamp と呼ばれる湿性林も成立する．ただし，湿地林の一部は低位泥炭地に成立することもある．森林を伴った湿地をすべてまとめて forested wetland というが，これには汽水域のマングローブ林や，低木または林分を伴った雨水涵養性のbog タイプのものがあったり，あるいは鉱質土壌上に成立する湿生林（swamp），fen タイプの湿生林などが含まれる．

　なんて，わかりにくいのであろう！　そう，わかりにくいのである．湿地・湿原の分類や定義に関しては，実はわが国のみならず，外国でも混乱が見られる．混乱の背景には，湿原の成立には，その場所の気候条件や地形条件，さらには地史的な背景などが深く関与し，世界各地には様々なタイプの湿地が分布し，それぞれがその地域特有の名称で呼ばれてきたという問題がある（Gore, 1983）．湿地の分類は，湿地を科学的に理解するためにも，保護・保全あるいは再生を進める上でも必要不可欠なのだが，実際には世界中

で様々な分類体系が提案されており，なかなか概念と用語の統一は難しい（ホーテス，2007；Fujita *et al.*, 2009；岩熊，2010）．そのあたりの整合性や違いについては，北海道大学大学院環境科学院教授・学院長，函館工業高等専門学校の校長を務められた岩熊敏夫先生がまとめておられるので，ぜひ参照願いたい（岩熊，2010）．

わかりにくい話はここまでにして，本書では「湿原」とは，泥炭地上に成立する高層湿原，中間湿原，低層湿原，つまり mire に加え，泥炭が発達しない鉱物質の土でも湿った条件のために湿生植物群落が成立している marsh を指すこととし，湿地林についても湿原の一種として取り上げることとする．

どんな場所を湿地と呼ぶかという定義が曖昧で，国によって見解が異なるため，世界の湿地面積は実は正確にはわからない．Mitsch and Gosselink (2015) は現在の湿地面積は700万-1000万 km^2 とし，地球上の陸地の5-8%に当たるとしている．世界の国の中には，フィンランドやロシア，カナダのように国土面積のうち湿地の占める割合が非常に高い国も少なくない．一方，植物の遺体が未分解のまま堆積した泥炭から形成される泥炭地の面積についても，様々な数値が挙げられているが，Charman (2002) は約400万 km^2 とし，熱帯の泥炭地の実態が明らかになれば，さらに数値は上がるだろうと述べている．

現在では世界の泥炭地のかなりの面積が排水され，人間が利用する土地に変わっている．湿原には，土壌水分条件が適潤な普通の場所では見られない様々な湿地特有の生き物が生息・生育するが，泥炭地の開発とともに，それらの生き物も絶滅したり，数が減少したりして，湿原の生物多様性が減少しつつある．最近では，泥炭地を排水することによって，これまで嫌気的状態で分解が進まなかった泥炭が，酸化的状態になって分解が進み，二酸化炭素などが排出されることや，地球環境の温暖化が進んだ場合の泥炭地からの温暖化ガスの排出が問題視されている（Charman, 2002 など）．

さて，湿原の定義はこのぐらいにして，いよいよ本題に入っていくが，私のフィールドは大学生・大学院生時代は東北地方であり，就職してからは北海道である．そのため本書は，わが国の湿原の宝庫である北海道を中心舞台として話を進めることとする．

第 2 章　湿原の自然誌

2.1　泥炭地湿原と非泥炭地湿原

　図 2.1 は環境省の日本の重要湿地から作成した主要湿地地図である．一方，図 2.2 は東京大学大学院理学系研究科名誉教授の阪口豊先生による日本の泥炭地の分布図である（Sakaguchi, 1961）．同じような湿地に関する図であるが，両者はだいぶ異なっている．なぜだろうか？　それは阪口先生の図には「死んだ泥炭地」が含まれるからである．阪口先生はその名著『泥炭地の地学』の中で，フィンランドの A. Cajander が湿原の景観を失った泥炭地を「死んだ泥炭地」，現在なお湿原植物が生育している泥炭地を「生きている泥炭地」として区別していることを挙げ，ご自分の著書ではどちらも対象とすると述べておられる（阪口，1974）．つまり，環境省の図の方は，現存する湿原の地図であり，阪口先生の図は現在湿原かどうかではなく，泥炭地が分布しているところを示した図なのである．

　泥炭地とは泥炭が形成され堆積している土地の総称である．泥炭は，植物の有機物生産量が分解量より多い場合に形成される．もう少しわかりやすく説明しよう．植物は水や栄養を根から吸収し光合成を行い成長するが，多くの植物は秋になると，地上部が枯れたり，葉を落としたり枝の一部が枯れて落ちたりする．また，私たちの目には見えないが，地下では植物の根が盛んに伸長しながら，一方では古くなった部分が枯死している．遺体となって供給される植物体（落葉・落枝，枯死した根など）は，土壌の水分状態が適潤な土地や極端に冷涼な場所でなければ，微生物によって分解され，土壌表面の上に植物遺体がどんどんと堆積していくことはない．ところが，湿原では，供給される植物遺体の量が微生物によって分解される量よりも多いので，植

図 2.1 環境省による日本の重要湿地（生物多様性の観点から重要度の高い湿地［重要湿地］, http://www.env.go.jp/nature/important_wetland/pdf/jwetlist2804v3.pdf より作成）.

物遺体が未分解の状態で堆積していくのである．微生物の活動が鈍い理由として，第一に酸素欠乏が挙げられ，泥炭の形成は水分過剰な還元状態（酸素の少ないあるいは欠乏した状態）の下で起こる．したがって，条件さえそろえば熱帯でも寒帯でもどこででも泥炭は生産される（図2.3）．しかし，日本では図2.2のように，まとまった泥炭地が分布する場所は限られている．

　日本の低地の湿原は，その多くが沖積平野内に形成されるが，阪口先生によれば泥炭を伴うものは本州中部以北に分布する（阪口，1974）．それより南の低地の湿原では，気温が高いため微生物による植物遺体の分解が旺盛で，泥炭はなかなか形成されない．一般に沖積平野では，河川が運搬してきた砂やシルトが洪水時に河川横に堆積してできる自然堤防が形成され，その後ろ側はより細かいシルトや粘土からなるいわゆる泥土が堆積する排水不良の場所＝後背湿地となり，そこに湿生植物が生育すると沼沢地（marsh）が成立する．また，東海地方の湧水湿地のように，西日本では地質（不透水層の存

図 2.2 日本の泥炭地の分布図. 1. 沖積平野, 2. 第四紀火山岩, 3. 泥炭地密集地域, 4. 埋没腐植層, 5. 小泥炭地 (Sakaguchi, 1961 より).

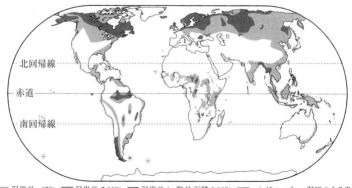

図 2.3 世界の泥炭地の分布. Gore (1983) と Lappalainen (1996) に基づき, 国際泥炭学会の許可を得て Charman が作成 (Charman, 2002 より作成).

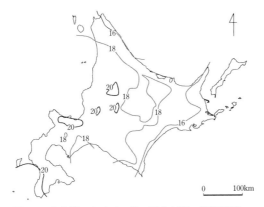

図 2.4 北海道における 7 月の平均気温の等温線図.

在)と地形から丘陵地の緩斜面や斜面脚部に湧水によって湿地が形成される場合があるが,このような湧水湿地で泥炭が形成され厚く堆積することはほとんどない.

阪口先生によれば,気候的に広大な泥炭地が形成される泥炭多産地域は,湿潤係数(年降水量:年蒸発量)が 1 以上,ただし永久凍土を形成するような地域を除いたところで,気候的には亜寒帯と温帯の一部が含まれる(阪口,1974).つまり,降水量と温度条件が満たされた冷涼な気候条件の場所で,泥炭が形成されやすく泥炭地湿原が作られるのである(注:泥炭多産地帯は,主に北半球の中緯度から高緯度地域に集中して分布しているが,南半球でもニュージーランドや南米パタゴニアなどの中緯度から高緯度地域にも見られる.さらに,泥炭の形成は水分過剰な還元状態下で起こるので,図 2.3 のように赤道直下周辺から低緯度地域の熱帯湿潤地域にも大規模な泥炭地が見られる.熱帯の泥炭地は河川下流の低平地や湖沼沿岸部,山岳地域などに様々なタイプの分布が見られ,その中にはインドネシアやマレーシアに広く分布する泥炭層厚が 16 m にも及ぶ森林生の降水涵養性泥炭地もある [Gore, 1983;Lappalainen, 1996;Charman, 2002]).さらに阪口先生は,7 月の平均気温 20℃の等温線は日本における泥炭多産地域の南限とほぼ一致し,7 月の平均気温が 25℃の等温線は,低地で泥炭が形成される南限と見なせると述べている(Sakaguchi, 1961).試しに,気象データから北海道の 7 月の平均

図 2.5 静狩湿原.

図 2.6 本州の山岳地域の湿原の代表. 尾瀬ヶ原湿原.

気温の等温線を書いてみた（図2.4）．道南および日本海側の一部，中央部の盆地部分を除き，ほかの地域はすべて7月の平均気温が20℃以下となり，現在でも泥炭が低地で十分に形成・集積される気候条件下に北海道はあることがわかる．実際，北海道の南西部の低地には，静狩湿原（長万部町）と歌才湿原（黒松内町）という高層湿原が存在し，静狩湿原は低地に形成される高層湿原の南限となっている（図2.5）．

一方，山岳地帯には本州でも泥炭地湿原が分布している（図2.6）．これは，泥炭が形成・堆積しやすい環境が山岳地帯に存在するからである．山岳地帯では7月の平均気温はもちろん20℃以下で，降水量（雨，雪，霧など）も十分である．よって，地形条件や排水条件などが泥炭の形成・堆積に適合していれば，山岳地域では，窪地や鞍部に限らず，緩斜面などにも泥炭地が形成されるのである．

阪口先生が述べているように，日本でまとまって泥炭地が分布しているのは，火山岩地帯（山岳地帯の泥炭地湿原）と本州中部以北の沖積平野（北海道を中心とした北の低地の泥炭地湿原）となるのである（Sakaguchi, 1961）．

2.2 北海道の湿原の分布状況

第1章で述べたように，わが国の湿原，特に低地の湿原の多くは，沖積平野の発達とともに形成されたもので，北海道以外の本州以南の地域では，人間による排水，治水そして開発の結果，水田や畑地，居住地へと変えられ多くが失われてしまった．そのため，開発を免れた残存湿原を面積で見てみると，その86%以上が北海道に集中している（国土交通省国土地理院　日本全国の湿地面積変化の調査結果，http://www.gsi.go.jp/kankyochiri/shicchimenseki2.html）．北海道は元来，冷涼湿潤な気候条件下にあるため，日本の中で最も湿原が形成されやすい場所である．さらに，開発の歴史が本州以南に比較して新しいこと，人口密度が低いことなどが，残存湿原が集中する背景にあるのだが，北海道の湿原が開発等の影響や洗礼をまったく受けなかったわけではない．明治以降の和人による本格的な開拓によって，実は面積で7割もの湿原が失われている．その話は第4章で詳しく触れよう．

図2.7は，北海道の現存湿原を図示したもの，表2.1には北海道の現存湿

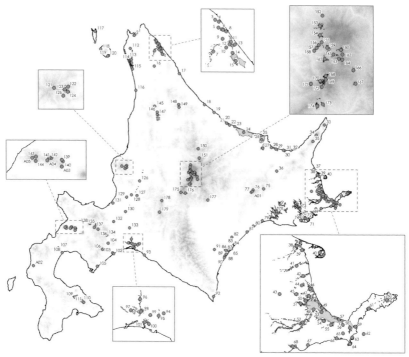

図 2.7 北海道の現存湿原(北海道湿地目録 2016[小林・冨士田,投稿中]より.湿原名は表 2.1 を参照).

原の目録 2016 年版を示した(小林・冨士田,投稿中,なお表 2.1 では「湿原」ではなく「湿地」という用語を使用している).また,表 2.2 に現存湿原の分布状況を,北海道を宗谷・オホーツク海地域,太平洋東部地域,太平洋西部地域,日本海地域,北海道中央部地域の 5 地域に分け地域別にまとめた(小林・冨士田,投稿中より作成).北海道には,2016 年時点で面積 1 ha 以上の湿原が 179 か所現存し,湿原面積の合計は 5 万 5076 ha である.1997 年に,北海道職員だった高田雅之さん(現・中央大学教授),北海道環境科学研究センターの金子正美さん(現・酪農学園大学教授)と最初の北海道湿原目録を作成したのだが,その時の合計面積は 5 万 9881 ha であった(冨士田ほか,1997).その後,面積が減少した湿原,あるいは消滅してしまった湿原,新たに確認された湿原などがあり,目録のバージョンアップは私にと

って重要な課題であった．また，1997年版では，高田・金子・冨士田のほかに，多くの人たちが手分けをして湿原区域を地形図や空中写真上から判読したため，実際よりも広く囲ってしまった例や狭くしてしまった例などがあり，計算した湿原面積の中には残念ながら実際とだいぶ違う数値のものが多く含まれていた．

　今回は，2016年3月まで研究員として私の研究室に所属していた小林春毅さん（現・北海道職員）が，GIS上で最新の空中写真から湿原ポリゴンを作り直した．ポリゴンとは元々は多角形を意味する言葉で，GIS（地理情報システム）で面を表す情報を入力，表示する時に用いるもので，図上である領域をくくった閉鎖領域を指す．今回，湿原をGIS上で表示し，面積などを計算するので，そのために湿原の輪郭をトレースして湿原ポリゴンを作成した．たかだか北海道程度の面積でも，湿原の所在とその面積を確定する作業は困難を極め，手間暇がかかる．湿原の中には，これまで調査がまったく行われたことのないもの，所在は確認できても調査に行くことができない湿原が，特に山岳地域に多数存在する．さらに，空中写真や地形図からどこまでの範囲を湿原とするのか，基準やルールを決めてもやはり悩ましい．現地に行ったとしても，境界線が引かれているわけではなく，境界確定は経験等を駆使して決めるしかない．このように湿原範囲を確定するのは困難であっても，湿原の保全のためには，できる限り現実に近いレベルで面積を算出することに意義があると私たちは考えた．結果として，1997年版で150か所であった湿原が179か所に増え，面積は逆に4805 ha減少した．これは，湿原の面積が減ったというよりは，曖昧だったポリゴンをかなり高い精度にまで修正し，1 ha以上の開水面は水面面積として，湿原面積とは別に計算して湿原面積から除いた結果である．また，前回も今回も目録作成の湿原の基準として，面積1 ha以上のものを対象とすると決めたので，1997年版で目録に載っていたのに，面積不足で今回，目録から外れてしまった湿原が5か所あった．

　表2.2によれば，北海道全体で，高層湿原が67か所，中間湿原が16か所，低層湿原が93か所，塩湿地が3か所となった．最も多くの湿原が分布するのは，釧路・根室・十勝地方が主である太平洋東部地域の60か所，次いで北海道中央部地域の35か所，日本海地域の33か所，宗谷・オホーツク海地

表 2.1 北海道湿地目録 2016（小林・冨士田，投稿中より）．湿地植生は，最も面積の大き
地域（国立公園，国定公園，道立公園），自然環境保全地域，鳥獣保護区への指定状況は，
70%：○，70-100%：◎で示した．天然記念物に指定された湿地は，指定を受ける法律や
条例：市町村と記載した．ラムサール条約に登録された湿地は，○で示した．環境省の重
nature/important_wetland/wetland/p01_01_hokkaido.html）に従い，重要湿地整理番号
れる湿地は（　）付きで番号を記載した．

湿原番号	基本情報			標高・面積		
	湿原名	備考	所在市町村	標高(m)	陸域面積(ha)	水域面積(ha)
I	宗谷・オホーツク海地域					
1	メグマ沼		稚内市	7.7	128.3	27.0
2	声問大沼		稚内市	5.0	316.7	465.7
3	猿骨川湿原		猿払村	4.9	13.9	—
4	猿骨沼		猿払村	3.5	101.6	22.5
5	キモマ沼		猿払村	4.9	4.4	26.4
6	ポロ沼		猿払村	3.6	142.4	194.0
7	猿払川湿原		猿払村	12.5	368.1	4.9
8	猿払川下流湿原		猿払村	3.9	29.0	—
9	カムイト沼		猿払村	4.6	19.4	20.4
10	瓢箪沼		猿払村	8.6	19.3	9.0
11	モケウニ沼		猿払村	3.6	430.1	72.8
12	浅茅野湿原		猿払村	4.6	33.6	—
13	モケウニ沼東湿原		猿払村	8.4	19.0	—
14	ポン沼（浜頓別）	同名称の湿地あり	浜頓別町	4.9	3.7	22.1
15	クッチャロ湖		浜頓別町	8.2	421.3	1345.3
16	中峰の平湿原		幌延町	420.6	1.5	—
17	北見幌別川下流湿原		枝幸町	5.4	3.7	—
18	御西沼湿原	読み：おにしぬま湿原	雄武町	5.3	41.4	21.6
19	オムシャリ沼		興部町	6.2	36.6	7.5
20	ヤソシ沼		紋別市	2.5	31.4	—
21	コムケ湖		紋別市	3.0	171.1	482.6
22	シブノツナイ湖		湧別町，紋別市	2.6	58.5	267.7
23	ポン沼（湧別）	同名称の湿地あり	湧別町	3.4	9.7	—
24	サロマ湖		佐呂間町，北見市，湧別町	2.6	235.4	15188.2
25	ポント沼		網走市	2.7	7.9	8.6
26	能取湖		網走市	3.6	174.0	5818.2
27	網走湖	女満別湿生植物群落を含む	網走市，大空町	3.9	201.5	3230.9
28	藻琴湖		網走市	7.2	26.3	104.7
29	涛沸湖		小清水町，網走市	3.9	438.4	833.5
30	ニクル沼		小清水町	9.3	7.6	—
31	涛釣沼		斜里町	5.1	33.7	36.0

い植生タイプもしくは対象湿地を特徴づけるタイプを◎，その他を○で示した．自然公園湿地の陸域と水域の合計面積のうち各湿地への指定割合に応じて，10-40%：△，40-
条例に応じて，文化財保護法：国，北海道文化財保護条例：道，所在市町村の文化財保護
要湿地に選定された湿地は，「重要湿地」の選定地分布図区分１（http://www.env.go.jp/
を記載した．湿地群や所在地域が重要湿地として選定され，重要湿地に含まれると推定さ

代表植生	植生タイプ				保護制度の指定状況							
	高層	中間	低層	塩湿地	自然公園			自然環境	鳥獣保護	天然記念	ラムサール	重要湿地
					国立	国定	道立					
中間		◎	○						○			4
低層			◎						◎			4
高層	◎	○	○									(5)
低層			◎									5
低層			◎						◎			(5)
低層			◎						◎			5
中間	○	◎	○									5
低層			◎									5
低層			◎				◎					5
中間		◎	○				◎					5
低層	○	○	◎				△		△			5
高層	◎		○				△		○			5
低層			◎				○					(5)
低層			◎				◎		◎			6
低層	○		◎				◎		◎		○	6
高層	◎											9
低層			◎									
低層			◎						◎			
低層			◎									
低層			◎						◎			
低層			◎	○					◎			11
低層			◎									12
低層			◎									
低層			◎	○		◎					道	13
低層			◎									
低層			◎	○		◎			◎			14
低層			◎			◎					国	16
低層			◎			◎						17
低層			◎	○		◎			◎			17
低層		◎							◎			
低層		◎			◎							

湿原番号	湿原名	備考	所在市町村	標高 (m)	陸域面積 (ha)	水域面積 (ha)
32	ガッタンコ沼	別名：以久科海岸湿原	斜里町	4.7	2.7	—

II　太平洋東部地域

湿原番号	湿原名	備考	所在市町村	標高 (m)	陸域面積 (ha)	水域面積 (ha)
33	知床沼		羅臼町	920.2	3.7	2.0
34	二ツ池湿原		羅臼町	1320.8	1.7	—
35	羅臼湖湿原		羅臼町	727.8	10.6	42.1
36	湯川湿原		弟子屈町	124.1	11.3	
37	標津湿原		標津町	5.2	120.0	
38	当幌川湿原		標津町，別海町，中標津町	5.9	538.3	
39	飛雁川湿原		別海町	4.0	50.3	
40	野付半島湿原		別海町，標津町	2.0	626.9	6.6
41	春別川湿原		別海町	10.5	372.9	
42	床丹川湿原		別海町	6.0	165.7	
43	西別ヤチカンバ湿原		別海町	32.6	8.1	
44	清丸別川湿原		別海町	15.3	126.3	
45	別海湿原		別海町	19.6	88.7	
46	茨散沼		別海町	7.2	540.5	24.9
47	兼金沼・ニシベツ小沼		別海町	8.1	597.5	60.7
48	風蓮湖		根室市，別海町	4.2	1370.1	6188.5
49	走古丹湿原		別海町	3.0	213.6	
50	ポンヤウシュベツ川湿原		別海町	7.2	156.3	
51	ヤウシュベツ川湿原		別海町	4.7	254.6	
52	風蓮川湿原		別海町，浜中町，根室市	8.3	2445.4	
53	檜昔湿原		根室市	3.5	73.8	
54	厚床川湿原		根室市	5.4	20.7	
55	別当賀川湿原		根室市	6.8	94.9	
56	第一・第二トウバイ川湿原		根室市	5.0	34.3	
57	春国岱		根室市	2.0	251.6	
58	温根沼		根室市	3.6	186.4	604.2
59	長節湖（ちょうぼしこ）	同漢字で別読みの湿地あり	根室市	8.3	12.1	47.1
60	根室半島湿原群		根室市	26.2	700.3	54.2
61	タンネ沼，オンネ沼，南部沼		根室市	4.6	146.1	91.5
62	ユルリ島湿原		根室市	38.2	50.2	—
63	落石湿原		根室市	45.1	42.6	—
64	落石岬湿原		根室市	44.1	60.7	—
65	落石西湿原		根室市	65.7	42.2	—
66	ホロニタイ湿原		根室市	5.9	143.9	4.4
67	恵茶人湿原	読み：えさと湿原	浜中町	4.7	14.2	9.0

代表植生	植生タイプ				保護制度の指定状況							重要湿地
	高層	中間	低層	塩湿地	自然公園			自然環境	鳥獣保護	天然記念	ラムサール	
					国立	国定	道立					
低層			◎									18
高層	◎				◎				◎			20
高層	◎				◎				◎			20
高層	◎				◎				◎			20
低層			◎		◎							
高層	◎	○	○						△	国		23
低層	○	○	◎	○			△					(22)
低層	○	○	◎									
塩湿地	○		○	◎				◎	○		○	22
低層	○	○	◎									(22)
低層	○	○	◎									(24)
中間		◎								市町村		24
中間	○	◎	○									
中間	○	◎										
低層	○	○	◎						△			24
中間	○	◎	○									24
低層	○	○	◎	○				◎	◎		○	27
塩湿地			○	◎				◎	◎			27
低層	○	○	◎									27
中間	○	◎	○									27
低層	○	○	◎									27
低層			◎	○				◎				27
低層		○	◎									(27)
低層		○	◎					○	○			27
低層			◎									(27)
塩湿地			○	◎				◎	◎		○	27
低層			◎	○				◎				25
低層			◎					◎	◎			25
高層	◎	○	○									25
低層		○	◎						◎			25
高層	◎		○					◎	◎	道		28
高層	◎											25
高層	◎							◎		国		25
高層	◎		○									25
低層			◎									25
低層			◎									29

湿原番号	湿原名	備考	所在市町村	標高(m)	陸域面積(ha)	水域面積(ha)
68	幌戸湿原	奔幌戸湿原を含む，読み：ほろと湿原	浜中町	5.8	183.4	9.6
69	霧多布湿原		浜中町	3.1	2723.1	57.2
70	火散布沼	読み：ひちりっぷ沼	浜中町	5.8	178.6	375.9
71	藻散布沼	読み：もちりっぷ沼	浜中町，厚岸町	7.2	172.5	36.4
72	厚岸湖		厚岸町	6.1	904.1	3360.4
73	別寒辺牛湿原		厚岸町，標茶町	8.4	7236.6	―
74	床潭沼		厚岸町	6.3	9.0	10.0
75	ヒョウタン沼		釧路市	446.4	4.6	9.0
76	雌阿寒温泉湿原		足寄町	656.9	5.8	―
77	上螺湾湿原	読み：かみらわん湿原	足寄町	502.5	2.9	―
78	釧路湿原		標茶町，鶴居村，釧路市，釧路町	8.6	19194.6	973.4
79	コイトイ沼		白糠町	5.6	34.9	2.3
80	馬主来沼		白糠町，釧路市	6.1	292.9	42.9
81	直別湿原	読み：きなしべつ湿原	釧路市	4.8	122.9	―
82	吉野湿原		豊頃町，浦幌町	8.0	83.8	1.8
83	十勝川河口湿原	トンケシ湿原を含む	豊頃町，浦幌町	5.0	400.5	20.2
84	長節湖（ちょうぶしこ）	同漢字で別読みの湿地あり	豊頃町	7.0	197.9	91.3
85	豊頃湿原		豊頃町	7.1	30.0	3.7
86	湧洞沼		豊頃町，大樹町	6.3	221.2	436.0
87	キモントウ沼		大樹町，豊頃町	8.0	174.4	49.8
88	生花苗沼		大樹町	4.3	262.6	141.4
89	ホロカヤントウ沼		大樹町	5.1	6.6	70.8
90	当縁湿原		大樹町	4.3	291.2	1.9
91	更別ヤチカンバ湿原		更別村	165.9	3.4	―
92	百人浜湿原		えりも町	7.0	33.8	1.0
Ⅲ	太平洋西部地域					
93	汐見・フイハップ湿地	人為開発された場所を含む	むかわ町，日高町	5.8	49.3	―
94	松の沼		厚真町	14.4	3.4	8.1
95	平木湖沼群		厚真町	10.9	18.9	22.0
96	美々川湿原		苫小牧市，千歳市	5.0	157.5	1.1
97	勇払川湿原	トキサタマップ川，オタルマップ川湿原を含む	苫小牧市	8.9	373.1	7.5
98	ウトナイ湖		苫小牧市	5.0	294.8	210.4
99	柏原東湿原		苫小牧市	9.7	23.9	1.4
100	弁天沼		苫小牧市	4.3	196.7	62.5

代表植生	高層	中間	低層	塩湿地	国立	国定	道立	自然環境	鳥獣保護	天然記念	ラムサール	重要湿地
低層			◎									29
中間	○	◎	○	○			◎		○	国	○	29
低層			◎	○			◎		◎		○	30
低層			◎				◎		△		○	30
低層			◎	○			◎		◎		○	31
低層	○	○	◎						○		○	33
低層			◎				◎					
低層			◎		◎				◎			
低層			◎		◎							
低層			◎		◎							
低層	○	○	◎		◎				○	国	○	36
低層			◎									
低層			◎									38
低層			◎									39
低層			◎									
低層		○	◎							道		40
低層			◎							道		40
低層			◎									(40)
低層		○	◎						◎			40
低層			◎						○			40
低層			◎									40
低層			◎						◎			40
低層			◎									40
中間		◎										42
低層		○	◎			◎						
低層			◎									
低層			◎									
低層		○	◎									58
低層			◎									58
低層	○		◎									58
低層	○		◎						◎		○	58
低層		○	◎									58
低層			◎									58

湿原番号	湿原名	備考	所在市町村	標高(m)	陸域面積(ha)	水域面積(ha)
101	勇払湿原		苫小牧市	3.4	335.9	3.5
102	ヨコスト湿原		白老町	5.2	22.4	—
103	ポロト湖		白老町	9.5	2.0	35.9
104	支笏湖南部湿原群		白老町	517.6	9.6	—
105	キウシト湿原		登別市	7.5	1.0	
106	ホロホロ湿原		白老町	844.7	8.7	
107	歌才湿原		黒松内町	100.2	5.3	
108	静狩湿原		長万部町	4.9	50.5	—
109	大沼	小沼, 蓴菜沼を含む	七飯町, 森町	137.4	35.2	1005.0
110	横津岳・袴腰岳湿原	雲井沼湿原を含む	鹿部町, 函館市, 七飯町	1067.9	1.0	
111	松倉川源流湿原	別名：アヤメ湿原	函館市	749.1	4.1	—

Ⅳ　日本海地域

湿原番号	湿原名	備考	所在市町村	標高(m)	陸域面積(ha)	水域面積(ha)
112	兜沼		豊富町	7.1	46.5	82.8
113	長沼湖沼群		豊富町, 幌延町, 稚内市	8.5	316.1	151.5
114	サロベツ湿原		豊富町, 幌延町	4.1	6096.1	570.7
115	天塩川下流湿原		天塩町	3.9	14.7	2.7
116	金浦湿原		遠別町	5.6	3.0	—
117	久種湖		礼文町	5.4	8.9	51.5
118	種富湿原		利尻町	8.7	1.2	
119	沼浦湿原		利尻富士町	7.0	26.7	10.3
120	南浜湿原		利尻富士町	5.0	6.5	
121	暑寒別湿原		雨竜町	1124.6	3.9	
122	恵袋岳湿原		雨竜町	933.9	13.8	
123	雨竜沼湿原		雨竜町	848.4	104.2	
124	群馬岳湿原		雨竜町	890.5	21.9	
125	徳富湿原		新十津川町	745.3	6.8	
126	石狩川河跡湖沼群	足島, うりゅう沼, トイ沼, 浦臼沼, 新沼, 菱沼など	浦臼町, 滝川市, 美唄市, 岩見沢市, 雨竜町	24.8	30.5	54.4
127	美唄湿原		美唄市	17.5	47.0	—
128	宮島沼		美唄市	12.0	10.2	25.4
129	月ヶ湖湿原		月形町	13.7	9.5	18.0
130	越後沼		江別市	7.8	7.6	9.8
131	マクンベツ湿原		石狩市	3.9	49.4	
132	西岡湿原		札幌市	137.3	2.3	5.3
133	旧長都沼湿原		千歳市, 長沼町	7.6	73.1	—
134	オコタンペ湿原		千歳市	621.3	10.9	40.9

代表植生	植生タイプ				保護制度の指定状況							
	高層	中間	低層	塩湿地	自然公園			自然環境	鳥獣保護	天然記念	ラムサール	重要湿地
					国立	国定	道立					
低層			◎									58
低層			◎									63
低層			◎						◎			
中間		◎	○		◎							
中間	○	◎										64
中間		◎			◎							61
高層	◎		○									70
高層	◎	○	○									71
低層			◎			◎			◎		○	72
高層	◎						◎	△				73
高層	◎						◎					73
低層			◎						◎			7
低層	○	○	◎		◎				◎	道		7
高層	◎	○	○		◎				○		○	7
低層			◎									
中間		◎										
低層			◎		◎							3
中間		◎	○									1
低層			◎		◎				◎			1
高層	◎		○						◎			1
高層	◎					◎						
高層	◎					◎						
高層	◎					◎			◎	道	○	48
高層	◎					◎			◎			
高層	◎					◎						
低層			◎									51
高層	◎	○	○									52
低層			◎						◎		○	51
高層	◎	○	○									53
低層		○	◎									54
低層			◎									
低層			◎						◎			
低層			◎									56
中間		◎	○		◎				◎			

湿原番号	基本情報			標高・面積		
	湿原名	備考	所在市町村	標高(m)	陸域面積(ha)	水域面積(ha)
135	大蛇ヶ原湿原		札幌市	976.8	3.1	—
136	中山湿原		札幌市，喜茂別町	870.1	3.0	—
137	中岳湿原		京極町	1028.5	6.5	1.3
138	京極湿原	別名：笹岳湿原	京極町	870.7	7.5	—
139	手鏡沼湿原		倶知安町	579.2	1.5	—
140	鏡沼湿原		倶知安町	578.6	2.1	—
141	大谷地		共和町	736.8	10.4	—
142	神仙沼湿原		共和町	765.3	4.3	—
143	パンケメイクンナイ湿原		蘭越町，岩内町	961.0	4.0	—
144	目国内岳湿原		蘭越町	900.2	4.7	—

V　北海道中央部地域

145	苫頓別山湿原		幌加内町，中川町	666.2	5.6	—
146	泥川湿原		幌加内町	297.8	12.0	—
147	朱鞠内湿原		幌加内町	282.9	46.1	2176.1
148	松山湿原		美深町	799.1	22.2	—
149	ピヤシリ湿原		雄武町	934.6	5.2	—
150	浮島湿原		上川町	867.8	23.2	—
151	芦の台湿原		上川町	1304.8	7.7	—
152	雲井ヶ原湿原		上川町	1073.0	3.4	—
153	沼ノ平湿原		東川町，上川町	1353.1	50.7	6.8
154	瓢沼・御田ノ原湿原群		東川町	1286.8	19.3	—
155	天人ヶ原湿原		東川町	1262.0	3.1	—
156	鴨沼・わさび沼湿原		東川町	1109.0	2.0	—
157	旭ヶ原湿原		東川町	1030.3	6.5	—
158	天人峡瓢箪沼		東川町	929.4	1.9	—
159	水田ヶ原湿原群		東川町	1352.2	31.2	—
160	高根ヶ原湿原		美瑛町	1663.9	18.9	—
161	凡忠別岳湿原群		美瑛町	1410.6	10.5	—
162	平ヶ岳南方湿原		美瑛町，上川町	1717.3	7.5	—
163	凡忠別岳東方湿原		美瑛町	1721.9	7.2	—
164	忠別沼湿原		上川町，美瑛町	1789.2	2.9	—
165	小化雲岳第一・第二公園湿原		美瑛町	1401.6	18.2	—
166	ヌタプヤンベツ川湿原		上川町	1336.6	4.4	—
167	沼ノ原湿原		上川町，新得町	1433.9	32.1	5.2

代表植生	植生タイプ				保護制度の指定状況							
	高層	中間	低層	塩湿地	自然公園			自然環境	鳥獣保護	天然記念	ラムサール	重要湿地
					国立	国定	道立					
高層	◎				◎							67
高層	◎				◎							67
高層	◎											
高層	◎											67
高層	◎											(68)
高層	◎											68
低層			◎			◎			◎			(68)
高層	◎					◎			◎			68
高層	◎					◎						68
高層	◎					◎						(68)
高層	◎											
高層	◎		○									(44)
低層			◎				◎					44
高層	◎							◎	◎			10
高層	◎							◎	◎			10
高層	◎								◎			45
高層	◎											
高層	◎				◎							46
高層	◎				◎				◎	国		46
高層	◎				◎				◎	国		(46)
高層	◎				◎				△			46
高層	◎				◎							(46)
高層	◎				◎							(46)
高層	◎		○		◎							(46)
高層	◎				◎					国		(46)
高層	◎				◎				◎	国		47
高層	◎				◎				◎	国		(47)
高層	◎				◎				◎	国		(47)
高層	◎				◎				◎	国		(47)
高層	◎				◎				◎	国		47
高層	◎				◎				◎	国		(47)
高層	◎				◎							(47)
高層	◎				◎				◎	国		47

湿原番号	基本情報		所在市町村	標高・面積		
	湿原名	備考		標高 (m)	陸域面積 (ha)	水域面積 (ha)
168	クワウンナイ神々の庭湿原		美瑛町	1518.2	21.2	—
169	クワウンナイ川二股湿原		美瑛町	1536.6	1.3	—
170	銀杏ヶ原湿原		美瑛町	1576.5	74.5	—
171	扇沼山山腹湿原		美瑛町	1418.9	6.8	—
172	ユウトムラウシ湿原		新得町	1645.7	4.8	—
173	三股山湿原		新得町	1311.0	12.2	—
174	トノカリシベツ山湿原	別名:トムラウシ南麓湿原	新得町	1242.5	27.0	—
175	原始ヶ原湿原		富良野市,南富良野町	1119.4	135.2	—
176	下ホロカメットク山湿原		新得町,南富良野町	990.1	13.8	—
177	東雲湖		上士幌町	819.5	2.7	4.8
178	芦別岳北麓湿原	別名:夫婦岩湿原	芦別市	1140.1	1.7	—
179	夕張岳湿原	別名:前岳湿原,1400 m 湿原	夕張市	1435.8	1.4	—

Ⅵ その他 (面積 1 ha 未満の湿地)

A01	オンネトー・錦沼		足寄町	639.4	—	26.7
A02	北桧山浮島湿原		せたな町	9.5	0.3	2.5
A03	ニセコアンヌプリ湿原		ニセコ町	919.0	0.6	—
A04	シャクナゲ沼		蘭越町	976.6	0.8	—
A05	雷電山湿原		岩内町,蘭越町	1142.1	0.6	—

表 2.2 北海道の地域別現存湿原の分布状況 (小林・冨士田, 投稿中より作成).

	地域名	湿原数				合計		
		高層湿原	中間湿原	低層湿原	塩湿地	湿原数	陸域 (ha)	水面 (ha)
Ⅰ	宗谷・オホーツク海地域	3	3	26	0	32	3,532.1	28,209.7
Ⅱ	太平洋東部地域	9	7	41	3	60	42,348.1	12,830.4
Ⅲ	太平洋西部地域	4	3	12	0	19	1,593.3	1,357.3
Ⅳ	日本海地域	18	3	12	0	33	6,957.8	1,024.7
Ⅴ	北海道中央部地域	33	0	2	0	35	644.3	2,192.9
	計	67	16	93	3	179	55,075.6	45,615.0

代表植生	植生タイプ				保護制度の指定状況							
	高層	中間	低層	塩湿地	自然公園			自然環境	鳥獣保護	天然記念	ラムサール	重要湿地
					国立	国定	道立					
高層	◎				◎				◎	国		(47)
高層	◎				◎				◎	国		(47)
高層	◎				◎				◎	国		47
高層	◎				◎				◎	国		(47)
高層	◎				◎				◎	国		(47)
高層	◎				◎					国		(47)
高層	◎				◎				△	国		47
高層	◎				◎				○			49
高層	◎				◎							
低層			◎		◎				◎			
高層	◎						◎					
高層	◎						◎			国		
低層			◎						◎			
低層			◎						◎			
高層	◎						◎					(68)
低層			◎				◎					(68)
高層	◎	○					◎					(68)

域の32か所となる.太平洋東部地域に現存湿原が多いのは,根室地方の丘陵地上に点在する小規模な湿原,河川改修の進んでいない小河川周辺の湿原が残っているからである.北海道中央部地域は山岳地域なので,山地湿原がほとんどを占める.宗谷・オホーツク海地域は,特にオホーツク海側に海跡湖が多くその周辺が湿原になっているのが特徴である.日本海地域は低地の湿原と,ニセコ山系,暑寒別山系等の山地湿原が混在する地域である.一方,湿原個数が少ないのは,胆振地方と道南地域を主とする太平洋西部地域である.

現存湿原総面積が最も大きいのは太平洋東部地域の4万2348 ha で,北海道全体の湿原面積の約77%を占めている.このように面積で約4分の3の湿原が太平洋東部地域に集中する理由は,釧路湿原,別寒辺牛湿原,霧多布

湿原など面積の大きな湿原が集中すること，この地域特有の厳しい気候条件が湿原の形成に適する一方で稲作には適さず，開発が遅れたことが挙げられる．次いで日本海地域の湿原面積が 6958 ha，宗谷・オホーツク海地域が 3532 ha と続く．一方，北海道中央部地域は 644 ha と湿原の数が多いのに総面積は大きくない．これは，この地域は山岳地域に多くの湿原を抱えるが個々の面積が低地湿原ほど大きくないからである．

湿原のタイプを見てみると，高層湿原が多いのは，北海道中央部地域，日本海地域で，北海道中央部地域は，大雪山系，夕張，芦別などに山地高層湿原が多数存在し，日本海地域はサロベツ湿原，ニセコ山系や暑寒別山系に山地高層湿原があるからである．太平洋東部地域は知床と阿寒を除き低地湿原がほとんどであるが，冬季は寡雪寒冷で夏季は海霧の発生で多湿冷涼な気候条件が，根室半島の台地上などに高層湿原を発達させている．低層湿原は，太平洋東部地域と宗谷・オホーツク海地域で多く，これは低地の河川流域や河口，海跡湖周辺に低層湿原が発達しているからである．

標高 400 m 以上の山地帯の湿原は，60 か所，面積は 849 ha で北海道の現存湿原面積 5 万 5076 ha の 1.5% にすぎない（小林・冨士田，投稿中）．しかし，大雪山系の沼ノ原湿原，沼ノ平湿原，天人ヶ原湿原，銀杏ヶ原湿原，原始ヶ原湿原（いずれも国立公園指定地），浮島湿原，松山湿原，国定公園指定の雨竜沼湿原など，山地湿原は北海道の山岳景観を代表する重要な要素となっている．

2.3　湿原の起源

図 2.8 は，現存の北海道の湿原の標高別分布状況を示したものである．標高は 0-10 m，10-20 m，20-40 m，40-100 m，100 m 以上は 100 m 刻みに分けてある．なぜ標高を等間隔に分けなかったかについては，これから述べていく．図から多くが低地，それも特に標高 10 m 以下，20 m までに集中していることがわかる．そして 20 m から 400 m には少なく，400 m 以上の山地帯や山岳地帯では，様々な標高に点在していることが示されている．このように湿原の分布している標高に偏りがあるのは，湿原の形成開始時期と北海道がたどってきた地史的・古環境変遷史的な生い立ちが関係している．

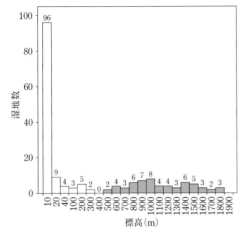

図 2.8 北海道の現存湿原の標高別分布状況．白色は標高 400 m 未満の低地湿原，灰色は標高 400 m 以上の山地湿原を示す．横軸の標高の区分は 0-10 m, 10-20 m, 20-40 m, 40-100 m, 100 m 以上からは 100 m 刻みとした．

今から約 1 万 5000 年前から約 1 万 2000 年前の期間，地球は最新の氷河期である最終氷期の末期（晩氷期）を迎えた．晩氷期末期の約 1 万 2000 年前頃には，ヤンガードリアス期と呼ばれる一時的な厳しい寒の戻りが訪れ，その際の日本列島は今より 4℃ 前後も気温が低かったといわれる（Nakagawa et al., 2005）．そして，約 1 万 2000 年前から現在までは，間氷期（氷期と氷期の間の暖かな時代のこと）で地質年代では「完新世」という時期に当たる．この間氷期には温暖化に伴い高緯度地域の氷床が融けて海に流入するため，海水の体積が増えて，海面が上昇する．完新世の間も暖かな時期と寒い時期が繰り返されたり，増えた海水の重みで海底が沈降したりするので，海面の高さは一定ではないのだが，中でも約 1 万年前から 5000 年前頃は現在よりも暖かかった時期で，海水面の上昇が著しかった．この高海面期は，ちょうど縄文時代前期の約 7000 年前から 5500 年前頃にピークを迎えたとされることから，日本では「縄文海進」と名付けられている．縄文海進の時代の北海道では，地殻変動の影響が地域によって異なるので一律ではないが，海面が

現在よりも 2 m 程度高い地域が多かったと考えられており（太田，2009），この最も海面の高かった時期を縄文海進最盛期という．このことから，図 2.8 の標高 10 m 以下の沿岸部に分布する低地湿原の多くが，当時，海の底であったことがわかる．縄文海進の時代の北海道沿岸には，現在よりも温暖な海域にすんでいる貝類が広く生息し，日本列島は現在よりも 2℃ 程度気温が高かったとされている（松島，2006）．その後，日本列島では 5500 年前以降，次第に気温が低下し再び海面が低くなる（海退という；太田，2009）．低地に見られる湿原の多くは，この海退に伴う沖積平野の形成や拡大とともにできたものがほとんどなのである．

　表 2.3 は，北海道の様々な湿原で行われた花粉分析や放射性炭素年代測定（以下，^{14}C 年代測定）値によって形成開始年代が明らかになっている主な湿原の一覧表である．これまで湿原の形成年代を推定するために，^{14}C 年代測定法が有効な手法として多く実施されてきた．この年代測定法では，測定結果の ^{14}C 年代値と実際の年代にずれが生じるため，必要に応じて実年代（暦年代）に換算・較正する場合がある．しかし，較正方法や較正可能な年代範囲は現在に至るまで変更や改良が続いている．したがって，これまで ^{14}C 年代測定が適用されてきた文献ごとに，未較正年代が示されている場合や，較正年代に基づき議論されている場合がある．さらに，これらの既存データを引用して議論を深める場合に，未較正・較正年代が混在した状態で湿原形成の時期が議論されてきた場合もある（この表 2.3 の基である Fujita et al., 2009 の表は，まさにこのケースに該当する）．そこで表 2.3 では，最新の暦年較正曲線データ（Reimer et al., 2013）を用いて主な湿原のこれまでの ^{14}C 年代測定値を較正し，湿原形成開始年代を実年代に基づいて整理した．放射性炭素の年代値の較正は皇學館大学の近藤玲介准教授にお願いし，表には，較正前，較正後の年代値の詳細や地形に関する情報も加えてある．

（1）低地湿原の形成開始年代とその特徴

　低地湿原の形成開始年代について，表 2.3 で示した暦年較正年代値などに基づいて図 2.9 にまとめた．以下では，^{14}C 年代値を引用する際に，表 2.3 で示した較正年代に主に従い，原著論文で記述されている湿原形成年代・泥炭堆積開始年代と本較正年代が異なる場合は，年代値に * を付してある．

低地湿原のうち釧路湿原が約5000年前（岡崎，1966；Takashimizu *et al.*, 2016），風蓮川湿原の一部が約5000年前*（大平ほか，1994），トウツル沼が約3500年前*（松田，1983），頓別川下流域やクッチャロ湖内陸側が約6000年から5500年前*（前田，1984；方ほか，1998）など，北海道東部からオホーツク海側の低地湿原の多くは，今から約6000年から5000年前頃から形成を開始したものが多い（表2.3）．これは先に述べたように縄文海進後の海面低下に伴って沖積平野の形成や潟湖（ラグーン）の陸化によって湿原形成が開始したからである．釧路湿原や頓別平野など大規模湿原や泥炭地においては，海退の時代がより古かった内陸側・上流側の一部では5000年前以前から湿原が形成され，下流域・沿岸域では3000-2000年前頃に湿原が形成された場合が多いようである（たとえばTakashimizu, *et al.*, 2016など；釧路湿原の詳細は後述）．

一方，日本海側の多雪地域の湿原は成立年代がより古く，石狩泥炭地内の石狩川下流域に位置する当別地域が約6500年前*（川上ほか，2012），サロベツ湿原が約6500年前（紀藤，2008，2014），利尻島南浜湿原，沼浦湿原が約5000-4500年前*（五十嵐，2006）などの成立年代が知られている（表2.3）．約1万2000年前から現在に至る完新世の前半は，一時的な寒の戻り（ヤンガードリアス期）を除き晩氷期前半から続く気候の温暖化が続いており，海面も上昇を続けた．その上昇の高頂期は，約6000年前頃であった地域が多く（たとえば，嵯峨山ほか，2010），その後次第に海退が進み始め，完新世の後半が北海道の低地湿原の形成時期の中心となる．このように多くの低地湿原の形成開始時期が海退と関連しているが，その時期にばらつきがあるのは，内湾に流入する河川が運搬する土砂量の違いにより埋め立て速度に地域的な差異があることや，局地的な地盤運動などのローカルな事情と関連しているからである．

ところで，低い標高に位置する湿原なのに起源の古い湿原もある．根室半島の台地上の湿原である．歯舞湿原が約1万2000年前（五十嵐ほか，2001），落石岬湿原が約1万3500年前*（守田，2001a），ユルリ島が1万4000年前*（守田，2001b）と，形成開始年代がほかの低標高域に位置する湿原よりもかなり古い．この古さの理由は，湿原の成立要因が，海退とのかかわりよりも，完新世初頭の暖流の北上に伴って発生した夏季の海霧とそれに伴う

表 2.3 ^{14}C 年代測定結果から推定された北海道の主な湿原の形成開始年代（Fujita *et al.*, er *et al.* (2013) に基づき暦年較正を行った（暦年較正値算出者：近藤玲介博士）．一部の場所や目録の湿原範囲外の場所も含まれる．

湿原名	調査地点の標高（m）	^{14}C 年代測定試料の層位など[1]	試料の深さ (cm)[2]	^{14}C 年代値 (yr. BP)[3]	歴年較正 ^{14}C 年代 (cal. yr. BP; 2σ の範囲)[4]
低地湿原					
メグマ沼	約 5***	泥炭基底；地点 A17	125	4760±260	6250-4750
声問大沼	約 5	泥炭基底；地点 B7	165	4360±140	5350-4500
クッチャロ湖（オンネウシナイ）	約 4.8	泥炭基底；地点 2	300-325	5340±140	6450-5750
頓別川下流低地	約 8*	泥炭基底；地点 T5	435	4780±220	5950-4850
北見幌別川下流湿原	約 2.2	泥炭基底	200-220	5040±140	6200-5450
トウツル沼（涛釣沼）	約 5**	泥炭層下位の粘土層	175-190	3270±55	3640-3380
風蓮川湿原	約 1	泥炭基底；本流	140	2780±310	3750-2050
	約 7	泥炭基底；支流	350	4500±410	6250-3950
歯舞湿原	約 33	泥炭基底	155-160	10000±140	12050-11150
ユルリ島	約 40***	泥炭質粘土層基底	150	11940±70	13990-13570
落石岬湿原	約 49***	泥炭基底	192	11460±90	13470-13110
別寒辺牛湿原	約 5	泥炭基底（分解質泥炭）	395-400	2300±160	2750-1950
釧路湿原	約 3.5*	泥炭基底；地点 D3	290	2550±50	2760-2460
	約 4*	泥炭基底；地点 M13	330	3840±40	4410-4000
	約 8.5*	泥炭基底；地点 D5	734	6050±50	7160-6740

2009 を基に加筆・一部改変).主な湿原を対象にこれまで提示されてきた ^{14}C 年代値を Reim-
対象地は,近年の開発ですでに現在湿原が消滅あるいは縮小し,目録に掲載されていない

較正 ^{14}C 年代値に基づく形成開始年代[5]	試料採取地点の地形	文献	備考
約 5500 年前	沖積平野(沿岸の砂丘と段丘の間の凹地)	大平・海津 (1999)	現在はササの侵入により乾燥化している.
約 5000 年前 (湿原上流部に該当) ※湿原の場所により異なる	沖積平野 (声問川の谷底低地)	大平・海津 (1999)	提示した地点は現在湿原ではないので参考値.ほかにも多数の年代値が示されており,現在の湿原(大沼周辺)に向かい,順次湿原が形成されていった.ほかにも前田ら (1994) が年代値を提示している.
約 6000 年前	沖積平野 (オンネウシナイ川の小規模な谷底低地)	前田 (1984)	
約 5500 年前	沖積平野 (頓別川下流の谷底低地)	方ほか (1998)	提示した地点は現在湿原ではないので参考値.ほかにも複数の年代値が知られている.より下流域(沿岸部)の泥炭地の泥炭基底付近は約 2000 年前.
約 6000 年前	沖積平野 (北見幌別川河口付近の沿岸低地)	前田 (1984)	
約 3500 年前	沖積平野(砂丘と段丘の間の沿岸低地)	松田 (1983)	前田 (1984) でも年代値が示されている.
約 3000 年前	沖積平野 (風蓮川の谷底低地)	大平ほか (1994)	
約 5000 年前	沖積平野(風蓮川支流の谷底低地)		風蓮川支流の低地.
約 1 万 2000 年前	中期更新世の海成段丘 (Okumura, 1966)	五十嵐ほか (2001)	湿地目録の根室半島湿原群に含まれる.
約 1 万 4000 年前	中期更新世の海成段丘 (Okumura, 1966)	守田 (2001b)	
約 1 万 3500 年前	中期更新世の海成段丘 (Okumura, 1966)	守田 (2001a)	五十嵐ほか (2001) でも示されている.
約 2500 年前 約 5000 年前 (湿原中心部) ※場所により異なる	沖積平野(谷底低地) 沖積平野(沿岸低地・氾濫原) 沖積平野(谷底低地・埋没崖錐上) 沖積平野(谷底低地・氾濫原)	五十嵐 (2002a) Takashimizu et al. (2016)	多数の ^{14}C 値などに基づく古釧路湾中心部での湿原形成開始年代.辺縁部や上流部ではより早い時代(7000 から 6000 年前以降)から順次湿原化した.表層の泥炭層より下位の堆積物中に泥炭薄層が挟まれる場合が

湿原名	調査地点の標高（m）	^{14}C 年代測定試料の層位など[1]	試料の深さ (cm)[2]	^{14}C 年代値 (yr. BP)[3]	歴年較正 ^{14}C 年代 (cal. yr. BP; 2σ の範囲)[4]
音別町ノトロ岬遺跡西方湿原	約 2.5*	泥炭基底	100-125	3400±70	3840-3470
歌才湿原	約 95	泥炭層直下の泥炭質粘土	約 500	5410±90	6400-5980
北桧山浮島湿原（うぐい沼）	約 5**	泥炭基底	約 550	3630+	約 3900-3800+
サロベツ湿原（上サロベツ）	約 7***	泥炭基底（地点 C）	555	5615±28	6460-6310
利尻島種富湿原	約 9*****	泥炭層直下の粘土層（材片）	180	3090±40	3390-3180
利尻島沼浦湿原	約 7***	泥炭層直下の粘土層（材片）	275	4010±40	4590-4410
利尻島南浜湿原	約 4***	泥炭層直下の粘土層（材片）	480	4410±40	5280-4860
当別町川下地区	約 5.8	泥炭層基底（種子）	585	5770±70	6730-6410
美唄湿原	約 16****	泥炭基底付近	約 250	1900±130	2200-1500
江別市越後沼	約 8**	泥炭基底付近	約 450	3740±220	4850-3550
剣淵盆地	約 135	表層の泥炭基底	375-390	6800±80	7830-7500
富良野盆地	約 173	表層の泥炭基底	500-520	8120±140	9450-8600
山地湿原					
羅臼湖北東岸湿原	約 750	コア試料の泥炭層中部	72-77	1070±35	1060-920
パンケナイ湿原（天塩山地）	約 450	泥炭基底付近（材）	60	1530±90	1610-1280
利尻島ギボシ沼湿	約 540	泥炭基底付近	35	2831±83	3170-2760

較正^{14}C年代値に基づく形成開始年代[5]	試料採取地点の地形	文献	備考
			ある．岡崎（1966）でも年代値が提示されている．
約4000年前	沖積平野（河口付近の沿岸低地）	松田・前田（1984）	目録には記載していない．
約6000年前	向斜窪地（synclinal depression）（Ikeya and Hayashi, 1982）	Sakaguchi（1989）	
約4000年前	沖積平野（谷底低地）	小野・五十嵐（1991）	湿原面積が1ha以下だったため，目録には記載していない．
約6500年前	沖積平野（サロベツ川下流域の氾濫原）	紀藤（2008）	大平（1995）でも示されている．
約3500年前	溶岩上の凹地	五十嵐（2008）	高田ほか（2005）でも年代値が示されている．
約4500年前	爆裂火口（マール；石塚, 1999）	五十嵐（2006）	
約5000年前	爆裂火口（マール；石塚, 1999）	五十嵐（2006）	利尻・礼文自然史研究会（2013）でも年代値が示されている．
約6500年前	沖積平野（石狩川下流域の氾濫原）	川上ほか（2012）	現在，提示した地点は湿原ではないので参考値．
約2500年前（堆積速度からの推定値）	沖積平野（石狩川下流域の氾濫原）	松下ほか（1985）	
約4000年前	沖積平野（石狩川下流域の氾濫原）	松下ほか（1985）	
約8000年前	沖積平野（構造盆地）	五十嵐ほか（1993）	現在は湿原ではないので目録には未記載．表層の泥炭層より下位にも，湖沼堆積物などを挟みながら泥炭が堆積している．五十嵐ほか（2012）では下位の泥炭より約11万年前の洞爺火山灰が見いだされている．
約9000年前	沖積平野（構造盆地）	五十嵐ほか（1993）	現在は湿原ではないので目録には未記載．表層の泥炭層より下位にも，湖沼堆積物などを挟みながら最終氷期の泥炭が堆積している．
約3000-2500年前（堆積速度からの推定値）	溶岩の堰き止めによる凹地（守屋, 1978, 1984）	勝井ほか（1985）	
約1500年前	蛇紋岩の平坦な尾根上	五十嵐・藤原（1984）	
約3000年前	割れ目火口	近藤ほか	面積が小さいので目録には未記載．

湿原名	調査地点の標高（m）	¹⁴C 年代測定試料の層位など[1]	試料の深さ (cm)[2]	¹⁴C 年代値 (yr. BP)[3]	歴年較正 ¹⁴C 年代 (cal. yr. BP; 2σ の範囲)[4]
原					
雨竜沼湿原	約 850 ****	泥炭基底	310-325	9500±140	11250-10400
群馬岳湿原	約 885	泥炭基底付近	110-115	950±40	940-760
大蛇ヶ原湿原	約 980	泥炭基底	375	6180±170	7450-6650
京極湿原	約 870	泥炭基底；地点 1	213-223	12430±210	15350-13850
浮島湿原	約 860 ****	泥炭層上部	100-110	545±70	670-490
沼ノ平湿原	約 1453	泥炭基底	95-100	4060±140	4900-4100
凡忠別岳東方湿原	約 1730 ***	泥炭基底	220	7540±65	8450-8190
平ヶ岳南方湿原	約 1720	泥炭基底	58-60	4520±130	5600-4850
沼ノ原湿原	約 1424	泥炭基底	105-110	3620±140/120	4400-3550
ユートムラウシ湿原	約 1650 ***	泥炭基底付近	175	4620±40	5470-5080
緑の沼	約 1365	泥炭基底	140	1310±100	1400-980
東大演習林上湿原	約 680	泥炭基底（材）	158	10900±50	12870-12690
蓬揃山湿原	詳細不明	泥炭基底	約 360	5300⁺	約 6000-6200⁺

1) ¹⁴C 年代値が報告されている概ねの層位（表層の泥炭層の中での相対的位置）と，泥炭中から点で試料が得られている場合は論文内での地点名も示してある．
2) 試料採取深度が明確に記述されていない場合は，柱状図から読み取った値を記載した．
3) 引用した文献内に，同位体分別補正年代が記載されている場合は，そちらを記載した．
4) 一部の値は，原著論文内で既に Reimer *et al.* (2013) に従って暦年較正値が提示されている
5) 形成開始年代は，便宜的に暦年較正年代値の中心値を 500 年単位で四捨五入して記載した．実堆積開始年代を推定している場合は，文献値を記載した．
* 原著論文の柱状図から標高を読み取った．** 詳細は示されていないので湖面・湖岸の標高を示示されていないので湿原の標高を示した．***** 詳細は示されていないが高田ほか（2005）の調査取った．⁺ 引用元には未較正年代の中心値のみが示されているので参考値．

較正 ^{14}C 年代値に基づく形成開始年代[5]	試料採取地点の地形	文献	備考
(層序などからの推定値)	(松井ほか, 1967)	(2015)	泥炭層の下位の土壌層基底の年代値は約 3500 年前.
約 1 万 1000 年前	溶岩台地 (佐藤ほか, 1964)	守田 (1985)	花粉分析が行われた地点から約 600 m 離れた地点の測定値.
約 1300 年前 (堆積速度からの推定値)	溶岩流緩斜面 (佐藤ほか, 1964; 広瀬ほか, 2000)	五十嵐 (2002b)	
約 7000 年前	地滑りに関連して生じた凹地	高橋 (1986)	本湿原では Morita (1984) でも深度 100-110 cm 付近から年代値が示されている.
約 1 万 5000 年前	溶岩上の凹地 (日本の地質『北海道地方』編集委員会編, 1990)	五十嵐 (2000)	周辺の複数地点でも年代値が示されている.
約 2500-2000 年前 (堆積速度からの推定値)	溶岩台地	Morita (1984)	
約 4500 年前	溶岩台地上の凹地 (国府谷ほか, 1968)	高橋ほか (1988)	
約 8500 年前	周氷河性斜面	高橋・五十嵐 (1986)	
約 5000 年前	溶岩台地 (主稜部の鞍部) (国府谷ほか, 1966)	高橋ほか (1988)	一部で永久凍土の指標地形であるパルサが認められる. 泥炭基底付近は永久凍土となっている.
約 4000 年前	溶岩台地 (国府谷ほか, 1968)	五十嵐・高橋 (1985)	
約 5500 年前	周氷河性斜面, 地滑り性凹地	高橋・五十嵐 (1986)	
約 1200 年前	地滑り性凹地 (国府谷ほか, 1966, 1970; 高橋, 1983)	五十嵐・高橋 (1985)	泥炭層中に挟まれる Tk-c 火山灰は, 1150±190 cal. yr. BP (五十嵐・高橋, 1985 を暦年較正).
約 1 万 3000 年前	地滑り性凹地 (山岸, 1993)	五十嵐ほか (2005)	面積が小さいので目録には未記載.
約 6000 年前	地滑り性凹地	小野・五十嵐 (1991)	

植物化石などを抽出して測定している場合は試料の種別も示した. 併せて, 同一湿原内で異なる地

が, 本表での表現方法の統一のため未較正年代を対象にして改めて較正を行った.
際には最大最小値の範囲内の年代となる点に注意. また, 引用した文献内で, 堆積速度から泥炭の

した. *** 原著論文に示されている地点図に基づき地理院地図にて標高を読み取った. **** 詳細は
地点近傍であることが示されていたので, 当該の文献の地点図に基づき地理院地図で標高を読み

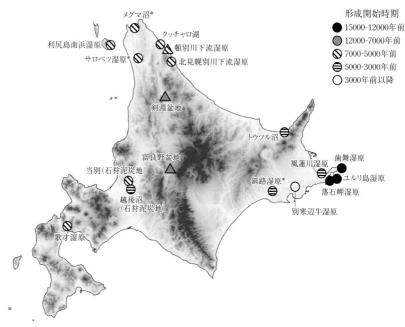

図 2.9 主な低地湿原の形成開始年代．現在，開発等により湿原が残されていないものについては三角で示した．＊海退により湿原化が進んだため，辺縁部や上流部ではより早い時代から順次湿原化した．この図に書いたのは湿原中心部の形成開始年代．

低温などの特殊条件の影響が大きいことによると考えられる (Igarashi et al., 2011)．いずれの湿原も太平洋に面した北海道東部地域に位置し，北方四島を含む北海道東部地域は，現在でも，北海道の中で亜寒帯気候に近い気象条件を有し，多くの温帯植物の北限，亜寒帯植物の南限に当たる地域で，サカイツツジやハナタネツケバナなどの遺存種が見られる地域となっている．

さらに，現存の湿原分布では見落とされている大規模な泥炭地がある．それは北海道中央部の標高 100 m 以上 200 m 以下の連続する盆地帯に分布する，富良野盆地，上川盆地，剣淵盆地を含む名寄盆地にかけての地域で，中央凹地帯と呼ばれている地域の一部をなす場所である．現在では，開発によって湿原植生が残っていないために，現存湿原の目録から外れている．北海道の稲作・畑作地帯として開発されてしまったが，農地の下には泥炭が堆積

しており（いわゆる「死んだ泥炭地」），その泥炭を使って湿原の形成年代や植生変遷を調べることができる．花粉分析の手法を使い北海道やサハリンの植生史を解明されてきた五十嵐八枝子先生は，中央凹地帯の泥炭地は，極めて古い時代から湿原化した場所であることを明らかにされた（五十嵐ほか，1993）．以下，五十嵐ほか（1993）によると，剣淵盆地では約 8000 年前*から，富良野盆地では約 9000 年前*から現世に至る湿原の形成が開始している（残念ながら農地化で湿原は失われ現存していない）．五十嵐先生たちの剣淵盆地のデータによれば，湿地化したのは遅くとも 3 万年以前からで，下部の泥炭からは約 11 万年前に洞爺カルデラから噴出した洞爺火山灰が挟まれている（町田ほか，1987；五十嵐ほか，2012）．最終氷期の 2 万 4000 年前*から 2 万 1000 年前*頃にも泥炭の堆積が確認されるが，表層部の泥炭が活発に堆積し始めたのは 8000 年前*からと考えられる．湿原形成が継続せず，切れ切れになっているのは，気候変動等により植生や堆積環境が変化してきたからである．これらの湿原は，前に述べた海退とともに形成された低地湿原とは異なり，海進や海退とは直接関係ない内陸部の標高 100 m 以上の盆地内の河川の氾濫原に形成された湿原である．さらに沈降性の構造盆地であったため，泥炭層をもつ堆積物が深く残されることとなった．約 9000 年ないし 8000 年前から湿原形成が開始した理由として，1 万 2000 年前頃は一時的な寒の戻りにより寒冷で乾燥した厳しい気候であったが，その後，次第に気候が回復し降水量が増大したことが原因ではないかと考えられている．そして 1 万 2000-9000 年前の期間にカラマツの仲間であるグイマツ（*Larix gmelinii* var. *japonica*）が姿を消している．約 9000 年前のグイマツの消滅に関して，五十嵐先生がその著書『北海道の自然史』（小野・五十嵐，1991）や論文（Igarashi, 2013）でまとめられている．グイマツは現在，サハリン，沿海州，北方四島の色丹島と択捉島に分布しており，その分布域から冷涼な気候に適応していることがわかる．グイマツが北海道各地に優勢の状態で分布していた最終氷期の最寒冷期は，寒冷に加えて雨量が少なく，剣淵盆地や富良野盆地での五十嵐先生による花粉分析結果などから，ハイマツやグイマツが優勢でトドマツも存在する開けたタイガのような植生が広がっていたと推定される（五十嵐ほか，1993；五十嵐，2010）．

中央凹地帯における開発直前の湿原植生に関する記録は，ほとんどない

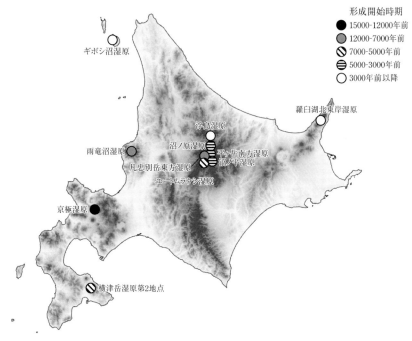

図 2.10 主な山地湿原の形成開始年代.

(北海道農業試験場土性調査報告書に植物景としてわずかな記載がある).現在では開発により農地となっているが,地史的な変遷や気候変動を考えると,ひょっとすると,わが国で遺存種とされる植物や大陸由来の現在の日本では分布していない植物が,開発以前のこれらの盆地の湿原やその周辺に生育していたかもしれない(これは単なる私の想像で何も証拠はない).このような特殊な地学条件をもつ湿原では,人為的に開発される前に植生調査や植物相調査がなされていればと,何とも惜しまれる.

(2)山地湿原の形成開始年代とその特徴

山地湿原の形成開始年代について,図 2.10 にまとめた.

北海道には火山が多く,溶岩台地上には成立期の異なる多くの山地湿原が発達している.その成立年代については,まだまだ未知ではあるが,現在得

られている情報を整理すると，大きく3つに分けることができる．最も古い湿原は南西部の京極湿原（標高870m，1万5000年前*；五十嵐，2000），雨竜沼湿原（標高850m，約1万1000年前*；守田，1985）で，晩氷期から完新世初頭に成立した．2つめのグループは，約6500年から4000年前の中期完新世に形成されたものとし，以下が該当する．北海道南部の横津岳湿原第1地点（標高1129m）や，横津岳湿原第2地点（標高1050m）は，泥炭直下に駒ヶ岳g火山灰（約6500年前；中村・平川，2004）が堆積していることから，約6500年前以降に湿原が形成されたと考えられる（滝谷・荻原，1997）．次いで北海道中央部の大雪山系の沼ノ平湿原（標高1453m，約4500年前*；高橋ほか，1988），沼ノ原湿原（標高1424m，約4000年前*；五十嵐・高橋，1985），平ヶ岳南方湿原（標高1720m，約5000年前*；高橋ほか，1988）はおよそ5000年から4000年前に形成された．3つめは成立年代が新しいグループで，北海道北部の浮島湿原（標高860m，2500-2000年前；Morita，1984）と東部の羅臼湖北東岸湿原（標高750m，3000-2500年前；勝井ほか，1985）は，湿原の基盤となる溶岩台地は古い時代に形成されていたにもかかわらず，その成立期は3000-2000年前と若い．溶岩台地上の湿原ではないが，北海道北部山地の蛇紋岩の緩斜面の尾根上に発達するパンケナイ湿原（標高450m，約1500年前；五十嵐・藤原，1984），溶岩流緩斜面上に発達する群馬岳湿原（標高885m，1300年前；五十嵐，2002b）の成立はさらに新しい．

そのほか，地滑り性の凹地に発達した湿原として，大蛇ヶ原湿原（標高980m，約7000年前；高橋，1986），緑の沼（標高1365m，1200年前*；五十嵐・高橋，1985），遠音別岳南東斜面の小湿原（標高420m，300年前；勝井ほか，1985），東大演習林上湿原（標高680m，1万3000年前*；五十嵐ほか，2005），蓬揃山湿原（標高詳細不明，約6000年前*；小野・五十嵐，1991），赤井川上流湿原（標高580m，約4000年前；滝谷・荻原，1997），などが挙げられる．これらの湿原は，溶岩上の平坦面や緩斜面に発達する山地湿原とは異なり，形成開始時期がばらばらで地滑りの発生期と密接に関連している．

さらに，周氷河地形（凍結融解が主要な地形形成営力となって岩屑の生産や移動が行われ形成される特異な地形．高緯度地方および中緯度の高山地

図 2.11 ユートムラウシ湿原．氷食作用と地滑りにより形成された凹地部分に湿原が発達．湿原内の地形的凸部にはハイマツやチシマザサの優占する群落がパッチ状に分布（撮影：北海学園大学・髙橋伸幸教授）．

域に現れる）と大きく関連する湿原が北海道にも存在する（図2.11）．大雪山系のユートムラウシ湿原（標高1650 m，約5500年前*；高橋・五十嵐，1986）と凡 忠 別岳東方湿原（標高1730 m，約8500年前*；高橋・五十嵐，1986）である．

このように，山地の湿原の形成年代は，個々の湿原の位置する緯度，標高などで異なるが，大部分の湿原は晩氷期以降の温暖化と降水量の増加に伴って成立したものが多く，1万5000年前より古いものは見当たらない．日本列島は，ヨーロッパや北アメリカとは異なり，一部の山岳地域を除き，最終氷期の氷河の影響を受けていない．そのため，ヨーロッパや北アメリカの泥炭地が，谷氷河や氷床が去った後，氷河・氷床の浸食による凹地に形成された湖沼や，かつての氷河末端で堆積したモレーンに堰止められた湖沼などから発達したものが主流である点と異なる（松実ほか，1966）．東京大学名誉教授の阪口豊先生は，日本の泥炭地のほとんどは，火山岩地帯と本州中央部以北の沖積平野に分布するのが特徴であり，火山周辺の溶岩流・泥流による堰止盆地，溶岩流・泥流上の浅い凹地，風化した火山灰層のある緩やかな火山斜面，火山斜面あるいは山麓にある豊富な湧水などが泥炭地形成に極めて好条件であり，第四紀（約260万年前以降の現在を含む地質時代）に氷に覆われた地域における氷河地形の泥炭地形成条件と共通点があると述べている

(Sakaguchi, 1961). さらに日本の山地湿原が火山帯に集中していることは世界の泥炭地分布上の一特徴であると述べている（阪口，1974）．私は，この阪口先生の名著『泥炭地の地学』を最初読んだ時，阪口先生のおっしゃる意味がちゃんと理解できていなかった．北海道に移り住み，湿原を研究の場として実際に自分の目で見て回るようになったこと，橘ヒサ子先生（現・北海道教育大学名誉教授）と研究をご一緒させていただき湿原に関する様々なことを教えていただいたこと，さらに湿原目録作成や湿原の起源，形成年代などをじっくり調べてみて初めて理解できるようになった．実に浅はかでお恥ずかしい話なのだが，理解してみて，これまで見てきた湿原や北海道の地史的な背景や変遷が，やっと有機的に自分の頭の中でつながった気がする．湿原，特に泥炭地湿原は，一人の人間の一生の時間スケールとは比べものにならない長い年月をかけて，地球環境の変化とともに形成されてきた生態系なのである．

2.4 湿原の形成

（1）低地湿原の成因と形成過程

　低地湿原の形成開始時期が今から過去に遡ること，6000年前から5000年前のものが多い一方，山地の湿原は形成開始時が様々であることがわかった．それでは両者で湿原の形成過程，つまり出来方は異なるのだろうか？　また，湿原の形成が開始するきっかけに違いがあるのだろうか？

　最も典型的な湿原の形成過程は，湿原関係の教科書に必ず載っている湖沼における湿性遷移系列によって高層湿原が形成される過程である（図2.12）．まず，湖がある．ここに水生植物が生育し，次第にその遺体が湖底に堆積する．湖底は水の中であるので，有機物の分解があまり進まない．有機物の堆積が進み湖沼は次第に浅くなっていく．湖岸付近はとりわけ水深が浅くなり，沈水や浮葉の水生植物ではなく植物体を水面上に出したヨシやマコモ，フトイのような抽水植物が繁茂し，さらに植物遺体の堆積が進む．湖岸周辺から陸化が進行し湖沼の中央部を残して周辺は湿原となり，湿原特有の植物が生育するようになる．最後は中央部が盛り上がった高層湿原にまで発達し，中

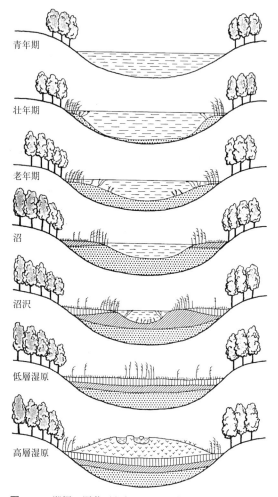

図 2.12 湖沼の遷移（宮脇，1977 より）．

央部にミズゴケの優占する植生が広がり同心円状に群落が分布する．このような教科書的な発達をした陸化型の湿原は，北アメリカやヨーロッパなどのように，氷床や山岳氷河が発達した大陸で，氷河底での氷食による凹地や過去の氷河末端の付近に形成された多数の湖沼が湿地化する場合の典型で，日本ではこのパターンの湿地化は現在のところ報告がない．

北海道における低地の多くの湿原は，①河川が作り出す沖積平野の後背湿地か，②縄文海進後の海退により潟湖が次第に埋まって湿原化したもの（内湾と外海の間に砂洲や砂嘴が発達した結果，その陸側の潟湖が埋積されて湿原化したもの）がほとんどである．そして根室半島の台地上の湿原のように，③降水や夏季の海霧と低温などの特殊条件によるものである．成因は3つのどれかに当てはまる場合が多いが，特に面積の広大な石狩湿原（現在では99.8％開発で消失；宮地・神山，1997），釧路湿原，サロベツ湿原などのように①と②の複合で成立したものも少なくない．また，多くの低地の湿原は，河川下流域の沖積平野に分布し河川氾濫や洪水などの影響を受けるため，鉱水涵養性の低層湿原である．サロベツ湿原，石狩湿原，別寒辺牛湿原，標津湿原などでは洪水の影響を受けなくなった雨水涵養性の高層湿原まで発達した部分が見られ，ボーリング調査の結果から，河川の氾濫の影響を受けながら，徐々に雨水涵養性の高位泥炭地に発達していった過程が読み取れる（浦上ほか，1954；飯塚・瀬尾，1955, 1956, 1966；阪口，1958；庄子ほか，1966a, 1966b；井上，1997；橘ほか，1997）．

　まず，石狩湿原を例に，低地湿原がどのように形成されていったか見てみることとしよう．図2.13は，森林総合研究所の大丸裕武さんが作成された札幌市を含む石狩平野（沖積平野）の古環境の変化図である（大丸，1989）．大丸さんの論文（大丸，1989）によれば，現在の石狩平野は，扇状地と泥炭地，沖積低地で形成されているが，約6000年以前，扇状地以外は海であった．これは約1万2000年前までの最終氷期後，地球が温暖化するが，約6000年前は現在よりも暖かい時期だったからである．この時代，現在の札幌市中心部まで海であった（図2.13の右上の状態である）．その後，約6000年を境に，海面が下がり（海退），浅い海の底だった部分が陸化する（最近の沖積層のボーリングコアの解析結果［川上ほか，2012；石井ほか，2014］は，約6000年前よりやや古い7000年前くらいから海退が始まっていたことを述べている）．陸化した部分には山地から河川が流れ込み，傾斜のほとんどない低地では，河川が蛇行しながら流下する．河川は，大雨が降ると上流から土砂を運ぶ．河川は氾濫するたびに，河川脇には粗粒な砂礫やシルトなどからなる自然堤防を成長させ，さらにその外側には粘土やシルトといった細粒質の土砂が堆積する排水が不良の後背湿地が次第に形成される．

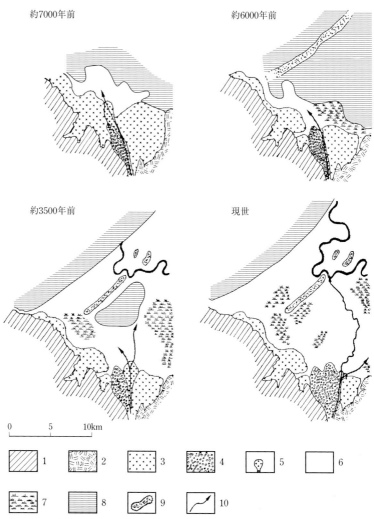

図 2.13 完新世における豊平川扇状地と下流低地の形成過程(大丸, 1989 より改変). 1. 基盤岩からなる山地・丘陵, 2. Spfl(支笏火砕流堆積物)よりなる台地, 3. 更新世の扇状地, 4. 完新世の扇状地, 5. 舌状地形, 6. 沖積低地, 7. 泥炭地, 8. 水域, 9. 内陸古砂丘, 10. 豊平川の流路.
水域は*中部泥層(MM)の分布範囲から推定. 石狩海岸平野の海岸線は松下(1979)を基に復元.*松下(1979)は, 石狩平野内陸部の沖積層とこれに関連する地層を, 下位から, 下部砂礫層(LG), 下部砂層(LS), 中部泥層(MM), 上部砂層(US), 上部泥層(UM)に区分した.

後背湿地は堆積する土砂の粒が細かいので透水性が悪く，加えて高くて大きな自然堤防が河川への排水を妨げ，排水不良の湿地を作り上げる．そして次第に過湿な条件のために植物遺体の分解が追いつかず，泥炭となり堆積していくのである．石狩平野のあちこちに沖積低地ができ，泥炭が堆積し泥炭地湿原が形成され始める時期は，最新の研究によれば約6500年前（川上ほか，2012）から5000年前頃（石井ほか，2014）とされる．

　石狩湿原は札幌市，江別市，美唄市，岩見沢市，当別町，月形町などにまたがる面積5万5000 haもの日本最大の湿原であった．したがって，ミズゴケのマットが広がり，雨水だけで涵養される貧栄養な高層湿原（bog）が2万8000 haも存在した（北海道開発庁，1963）．それらは，1か所に広がるのではなく，広大な沖積地の中を流下する何本もの川の後背湿地を核として形成されたので，高層湿原があちこちに点在していた．私たちは石狩泥炭地と呼ぶが，英語にした場合は"Ishikari Mire complex"がより正しい表記であることからも，石狩泥炭地が泥炭地の複合体であることがわかる（図4.7参照）．北海道農業試験場が戦前に行った石狩國泥炭地土性調査報告（浦上ほか，1954）では，それぞれの高層湿原は地名に由来する名前が付けられ区分けされ，各特徴が述べられている．

　一方，現存する湿原で日本最大の釧路湿原の形成過程はどうだろうか．釧路湿原では，湿原下の沖積層から貝化石がよく産出することが知られている．さらに湿原の東側に位置する塘路湖は，海から約16 kmも離れており，湖水は淡水であるが，湖には海生のクロイサザアミが生息している．これらの事実は，現在湿原である釧路湿原および丘陵地の一部はかつて海だったことを物語っている．北海道立地質研究所（現・北海道総合研究機構地質研究所）に2009年までおられた新潟大学教育学部地学教室の高清水康博准教授らは，釧路湿原を含む標高の低い釧路平野内で掘削された9本のボーリングコアの堆積学・地質学的な解析によって，最終氷期最寒冷期末期（今から約1万9000年前）以降の開析谷充填物の特徴等から湿原を含む釧路平野の形成過程を明らかにした（Takashimizu et al., 2016）．ボーリングコアの掘削地点は，湿原の上流から下流まで点在し，深いコアでは地表から72.0 m，浅いものは19.1 mの沖積層の試料が採取された．コア内の堆積相解析（どのような堆積物がどんな環境で堆積し重なっているか），総硫黄含有量測定

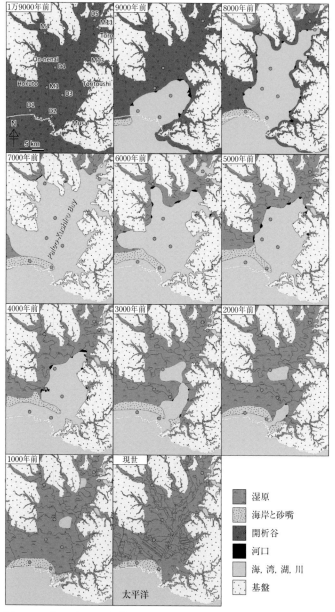

図 2.14 約 1 万 9000 年前以降の釧路平野の発達史と釧路湿原の形成(Takashimizu *et al.*, 2016 より).

(海成層と非海成層の判別ができる), ^{14}C 年代測定を行った. 堆積物はその特徴と年代測定結果から, 異なるコアでも同じ特徴をもつ地層はコア間で面的につなげることができる. そして, コアの位置と深さと堆積物の様子から, 過去の開析谷の変遷を再現することができるのである.

図2.14 は, 髙清水先生らが再現した1万9000年前から現在までの釧路平野の変遷マップである (Takashimizu *et al.*, 2016). この髙清水先生らの論文に従い, 変遷を見ていこう. 約3万年前から1万9000年前頃の最終氷期最寒冷期は, 寒い時期のために大陸の多くの場所に氷床が形成され, そのため海面は現在よりも約100 m 以上も低かったと考えられる. 釧路周辺は大陸棚まで陸地だった. 標高の高い阿寒火山から東向きに河川が走り, 釧路層群を削りながら流れ, 深い浸食谷が形成された. これが後の釧路川となる. 約9000年前になると, それまで陸上だった釧路地域は縄文海進の影響により太平洋に面した場所に内湾が形成された. さらに約8000年前には海岸線は内陸まで移動し, リアス海岸の様子を呈し, 現在の釧路平野は完全に内湾底となった. また河川によって運搬された土砂が海の波浪によって押し戻され, 海岸部に砂嘴の形成が始まる. 約7000年前には, 開析谷の奥まで海が入り込み, 最も海が広がった時期 (縄文海進最盛期) を迎える. 同時に海岸では砂嘴がさらに発達して延び, 砂嘴の後ろに広大な汽水の湖が広がった様相となる. 縄文海進最盛期には, 海面が最も高い状態でほぼ一定となるため, 河川を通じて陸から供給された土砂によって内湾の沿岸が埋積される. 海岸線の後退 (海退) の始まりである. 釧路地域南部の外洋に面した海岸地域ではさらに波浪による砂の供給が進み, 砂丘が形成される. 約5000年前から現在の湿原の最上流部で湿原の形成が始まる. ただし, この時期, まだ湿原の大部分は海のままである. 徐々に下流側に湿原が広がっていき, 3000年前に内湾が取り残され湖沼が形成され, 約1000年前にほぼ現在の地形が出来上がるのである. つまり, 現在の釧路平野の形成は縄文海進最盛期以降の海退に支配されており, その中で釧路湿原の主要な部分は約4000-3000年前以降に形成されたものであるといえるだろう.

(2) 山地湿原の成因と特徴

表2.3 を見ると, 山地湿原は, 火山活動によって形成された溶岩台地上の

図 2.15　大雪山平ヶ岳南方湿原内のパルサ．写真中央部から右側の泥炭がむき出しになった部分がパルサ（鉄の棒が立っている部分）．

凹部や溶岩流の緩斜面上に形成されたものが多く，地滑り地や窪地などに成立したものも見られる．山地湿原の成立期は，地形や気候要因によってばらばらであるが，最終氷期が終了した約 1 万 2000 年前以降の後氷期の気温の上昇と降水・降雪量の増加に伴い形成されたものがほとんどである（表 2.3）．例外的に京極湿原のように，最終氷期の終わり頃である晩氷期（1 万 4000 年前頃）の降雪量増加に起因して溶岩上の凹地に誕生したもの（五十嵐，2000）も見られる．

　山の気候は冷涼で湿潤，植物の生育期間は 6 月から 8 月までの 3 か月程度である．その短い期間に競うように生育・開花・結実した植物の枯れた枝葉や根は分解が進まず，泥炭が形成される．山地の泥炭は低地湿原のようにルーズな泥炭ではなく，締まった緻密な泥炭であることが多い．これは長い冬季間，積雪によって湿原には圧がかかることと関係しているのではないだろうか．

2.4 湿原の形成

　山地湿原は，貧栄養（oligorophic）あるいはやや貧栄養（mesotorophic）で，凸凹の少ない frat bog か sloping bog あるいは mesotrophic な sloping bog がほとんどで，等高線に沿ってケルミ-シュレンケ複合体（用語の意味については，第3章3.2節（2）項参照）が発達することも多い．一方，大雪山の平ヶ岳南方湿原は平坦で緩やかな溶岩台地斜面上の鞍部に位置し（高橋ほか，1988），湿原内にはケルミ-シュレンケ複合体が広く発達しているが，部分的にパルサ（永久凍土地帯に分布する周氷河地形のひとつ）も形成されている（高橋・曽根，1988；図2.15）．大雪山のユートムラウシ湿原や凡忠別岳東方湿原では周氷河地形が見られ（高橋・五十嵐，1986；図2.11参照），いかに環境が厳しいかを物語っている．

　山地湿原の成立過程については，実は低地湿原のように形成経過が記載された論文がほとんどない．山地湿原での花粉分析関係の論文は，局地的な湿原の成立過程よりも，樹木花粉の組成から見た地域の気候変動や森林の挙動について議論がなされているためである．湿原植生を反映する非樹木花粉はカウントから除外されたり，着目されないために論文にはその詳しい組成が書かれていないことも多い．

　森林限界よりも上方に位置する大雪山のユートムラウシ湿原と凡忠別岳東方湿原に関しては，五十嵐八枝子先生と北海道大学大学院環境科学研究科の大学院生だった高橋伸幸さん（現・北海学園大学工学部教授）が地形調査と花粉分析を行い，その植生変遷について触れている（高橋・五十嵐，1986）．どちらの湿原も泥炭堆積前の原地形面は，周氷河環境下でのソリフラクション（傾斜面において水分を含んだ堆積物の表層部が重力の作用により下方に面的に緩速度で移動するマス・ムーブメントのひとつ）によって形成されたと推定している．ユートムラウシ川谷頭部は地滑りを含む崩壊によって凹地となっており，一部の緩斜面に湿原が発達し，中央部にはケルミとシュレンケが見られる．泥炭層基底部の年代は約5500年前とされ，花粉分析から，約5500年前*にミツガシワの繁茂する池塘が成立したとされる．一方，凡忠別岳東方湿原は凡忠別岳東方の鞍部の北向き斜面に発達し，やはりケルミとシュレンケが発達している．約8500年前*から湿原が形成され，ミツガシワの茂る池塘が生じた一方で，周辺には高山草原が現在よりも広く発達していた．これらの大雪山の高標高域に分布する2つの湿原は，約2000年前

以降の冷涼・湿潤化により，さらに湿原が発達したと考えられている（高橋・五十嵐，1986）．詳細な山地湿原の形成過程と植生変遷の解明は，今後の課題であろう．

2.5 湿原の植生

（1）北海道の現存湿原のグルーピング

さて，北海道に現存する 179 の湿原をその特性で分類してみるとどうなるだろうか．

日本の湿原の分類については，詳細な研究は完了していないことは，第1章 1.3 節で述べた．先ほど表 2.1 の北海道湿地目録で湿原のタイプを示したが，これは日本で一般に使われている植生から見た分け方であって，水文，地形，植生などから総合的に湿原を分類した区分ではない．日本では明治時代に札幌農学校教授の時任一彦先生によってドイツ式の Hochmoor, Zwischenmoor, Niedermoor という分類が導入された．そして時任教授は，Hochmoor には「高位泥炭地」，Zwischenmoor には「中間泥炭地」，Niedermoor には「低位泥炭地」という言葉を対応させた（阪口，1974）．このドイツ式の分類は，泥炭地の形態（湿原の形がどうなっているのか？）と水理状態（湿原を潤す水はどこから供給され，地下水位の高さはどれぐらいか？）に着目した泥炭地湿原（mire）の分類なのである．阪口先生の説明は以下のようである（阪口，1974）．形については，高位泥炭地は一般に泥炭地の中央部が周辺よりやや高く，時計皿を伏せたような形が多いことに対し，低位泥炭地はほとんど平坦で，中間泥炭地は両者の中間の形をしていることからこのような名称が付けられた．さらに，水理については，何に比べて高いのか低いのかという点が重要で，比較した相手は地下水位面である．地下水位面に対して泥炭地表面の方が低いかほぼ一致しているのが低位泥炭地，地表面ギリギリに水面があるか，水面より低い，つまり水に浸かっている状態の泥炭地である．高位泥炭地は地下水位面より地表面の方が盛り上がっているため高い位置にある，つまり水面は地表面よりやや下にあるのである．しかし，日本ではこの分類本来の意味を離れ，高・中・低位泥炭地に対

応する典型的な湿原植生（景観），あるいはそれぞれで優占する植物種や特徴的に出現する指標植物を使い，湿原を高層湿原か中間か低層かに区分する方法として，高層・中間・低層が定着してしまった．本来，高位泥炭地は泥炭の堆積が進み，地表面が高くなっていき地下水位面よりも地表面が高くなり雨水涵養性になった貧栄養状態の bog を指している．しかし，日本では高位泥炭地の典型植物が出現すると，そこは貧栄養の高層湿原と決めつけてしまうきらいがある．たとえば，ツルコケモモやヒメシャクナゲ，ワタスゲなどが生えていても，河川氾濫時に洪水に襲われ，粘土や富栄養の水が浸入するような場所では，ヌマガヤやヤチヤナギ，時には低層湿原を特徴づけるヨシやサワギキョウなどが混じっていたりする．また，特に本州以南の大きな河川の河口付近に広がるヨシ原は，泥炭地ではなく鉱物質の土壌上に成立していることが多く（reed marsh），ドイツ式の Niedermoor は本来，泥炭地の一タイプを指すにもかかわらず，日本では鉱物質土壌上のヨシ原も低層湿原の区分に入れているのが現状である．この例からも明らかなように，植生タイプの分類法とは別に，湿原の形態や地形的特性，水文環境（水の供給方法）による湿原分類に植生タイプも考慮した，より詳細な湿原の分類法が必要である．

とはいえ，日本の湿原の区分や特徴については，これまで研究がなされてこなかったわけではない．阪口先生をはじめ，外国の先生方も日本の湿原について報告を出されている（Sakaguchi, 1961, 1979；Suzuki, 1977；Gimingham, 1984；Damman, 1988 など）．北海道大学大学院環境科学院名誉教授の伊藤浩司先生とポーランドの湿原研究者のボレイコー先生は，日本の湿原を植生と泥炭の有無によって，①北海道の山岳湿原，②北海道の低地高層湿原，③本州北部の山岳湿原と山地高層湿原，④移行帯，⑤西日本の泥炭の堆積しない湿地に区分した（Wolejko and Ito, 1986）．この分類結果は，阪口先生の「7月の平均気温 20℃の等温線は日本における泥炭多産地域の南限とほぼ一致し，7月の平均気温が 25℃の等温線は，低地で泥炭が形成される南限とみなせる」という結果とほぼ一致する（Sakaguchi, 1961）．伊藤先生とボレイコー先生の分類では，北海道の湿原は①北海道の山岳湿原，②北海道の低地高層湿原に当たり，低地湿原と山地湿原の違いだけになってしまう．もう少し北海道の湿原を現状に合わせて細かく分類してみる方法はないのだろうか．

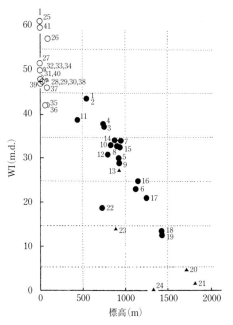

図 2.16 湿原の分布高度と暖かさの指数（WI）の関係（橘，1997 より）．

山地湿原：1. ニセコアンヌプリ，2. 鏡沼，3. 神仙沼，4. 大谷地，5. パンケメクンナイ，6. チセヌプリ，7. 京極，8. 中山，9. 大蛇ヶ原，10. 雨竜沼，11. 中峰の平，12. 松山，13. ピヤシリ，14. 浮島，15. 天人峡瓢簞沼，16. 原始ヶ原，17. 天人ヶ原，18. 沼ノ平，19. 沼ノ原，20. 平ヶ岳，21. 忠別沼，22. 羅臼湖，23. 知床沼，24. 二ツ池．

低地湿原：25. 静狩，26. 歌才，27. サロベツ，28. 浅茅野，29. モケウニ沼，30. 猿骨沼，31. 標津，32. 風蓮川，33. 西別，34. 走古丹，35. 落石岬，36. ユルリ島，37. 別寒辺牛，38. 霧多布，39. 釧路，40. 十勝海岸，41. 勇払．

北海道教育大学名誉教授の橘ヒサ子先生は，分布高度と現在の気候環境から北海道の現存湿原をより詳細にグルーピングしている（橘，1997, 2002）．橘先生は，まず，これまで調査されてきた湿原を「暖かさの指数（WI）」（吉良，1948 が提唱した積算温度で，植物が生育できる温度を日平均気温 5℃以上と見なし，月平均気温から 5 を引いた値の 1 年間の積算値を暖かさの指数と定義した）を使ってマッピングしてみた（図 2.16）．暖かさの指数は湿原の成立している場所の温度環境を示しており，標高 400 m 以上の山地湿原においては，暖かさの指数と標高との間に負の相関がある（橘，1997）．さらに橘先生は，分布高度（標高）や温度環境と降雪量との関係から，低地湿原を 5 グループ，山地湿原を 6 グループに分けた（橘，1997, 2002，表 2.4）．山地湿原はⅣ，Ⅴ，Ⅵに，低地湿原は標高では区分できず，暖かさの指数によってⅠ，Ⅱのグループに 2 分される．さらにⅢのグループには，標高 450 m から 770 m に位置する日本海側の多雪地域の山地湿原（Ⅲb）と，低地でありながら気候環境が極めて厳しい北海道東部の根室地方の海岸地域の低地湿原（Ⅲa）が含まれ，このグループが山地湿原と低地湿原の境界グループとなる．橘先生はさらに低地湿原のⅠ，Ⅱのグループをそれぞれ 2 つに，そして山地湿原のⅣのグループを 3 つに細分している（橘，1997, 2002）．

（2）湿原植生の分類

　橘先生は加えて，前述の分類したそれぞれのグループにどのような植物群落が出現するかをまとめている（ただし，橘先生ご自身が調査されていないⅥグループは除く：橘，1997, 2002）．それが表 2.5 である（橘，2002）．北海道の湿原の植物群落は，（1）項で紹介した湿原のグループ分けの結果に加え，北海道内での地域植物相の違いを反映して，多様である．橘先生は，低地湿原と山地湿原ごとに，1 水生植物群落，2 低層湿原植生，3 中間湿原植生，4 中間・高層湿原植生（さらにその中をシュレンケ，ブルテ，ローンの群落に区分），5 低木・高木群落に分けて主な群落タイプを挙げている．この結果は，橘先生の長きにわたる北海道の湿原での現地調査結果に基づくものであり，ほかの人には絶対にまとめることができなかった表である．群落の特徴や出現傾向について興味のある方は，ぜひ橘（1997, 2002）をお読

表 2.4 北海道の湿原の分布高度と推定気候環境（橘，2002 より）．湿原番号は図 2.16 と

湿原グループ	湿原番号	湿原名
Ia	41	勇払
Ib	25, 26	静狩，歌才
IIa	28, 29, 30, 32, 33, 34, 37, 38, 39, 40	浅茅野，モケウニ沼，猿骨沼，風蓮川，西別，走古丹，別寒辺牛，霧多布，釧路，十勝海岸
IIb	27, 31	サロベツ，標津
IIIa	35, 36	落石岬、ユルリ島
IIIb	1, 2, 3, 4, 11	ニセコアンヌプリ，鏡沼，神仙沼，大谷地，中峰の平
IVa	15, 16, 17	天人峡瓢箪沼，原始ヶ原，天人原
IVb	12, 13, 14	松山，ピヤシリ，浮島
IVc	5, 6, 7, 8, 9, 10, 22	パンケメクンナイ，チセヌプリ，京極，中山，大蛇ヶ原，雨竜沼，羅臼湖
V	18, 19, 23	沼ノ平，沼ノ原，知床沼
VI	20, 21, 24	平ヶ岳，忠別沼，二ツ池

アメダス観測点（札幌管区気象台，1982）：鵡川，大津，鶴居，別海，厚岸，茶内，納沙布，標津，郷，糠平

みいただきたい．

　私は低地湿原が調査の中心で，山地湿原の調査をほとんどやっていない．一方，橘先生は健脚でいらして，北海道の山岳地域の湿原を多数調査されてきた．それが，この集大成の表につながったのだ．湿原植生の分類は，さらに北海道に加え，本州の山地湿原を含めた検討が必要である．しかし，一研究者が研究を実施できる湿原数と時間には限りがある．既存の湿原での植生調査結果をできる限り集めデータベースを作成し，その膨大なデータを解析することで，適切な湿原植生の分類ができないか，検討を続けている．ただし検討には，湿原を広く調査し見てきたという経験と植物に関する知識の裏打ちが必要ではある．私にはもう少し時間があるようなので，チャレンジを続けるが，次の世代の湿原植生研究者の出現と彼らによる研究の進展を渇望する．

　表 2.5 の湿原の微地形に関する用語を下記に説明する．

　シュレンケ：ホロー（hollow）あるいは小凹地ともいう．ブルテやケルミ

対応.

標高 (m)	WI (m.d.)	年平均気温 (℃)	最暖月平均 気温（℃）	最寒月平均 気温（℃）	寒候期降水量 (降雪量)(mm)	最深積雪 (cm)
3-10	60.0	6.8	20.3	-6.7	509	97
5-100	57.3-60.9	6.5-7.2	20.1-20.8	-4.5- -4.7	794-1081	300
0-40	46.8-50.1	4.8-5.2	17.5-18.3	-8.1- -8.6	556-691	100-150
0-10	47.7-51.5	5.2-5.3	17.5-18.5	-6.9- -7.9	758-840	156-170
30-50	40.9	5.6	16.1	-4.7	469	121
450-770	35.6-43.7	2.8-4.3	16.4-17.7	-8.2- -11.2	877-947	277-297
940-1320	32.1-20.1	-0.8-1.1	13.3-15.2	-14.2- -16.1	529-600	98-152
800-920	26.8-34.8	0.0-1.9	14.5-16.0	-12.1- -15.6	701-842	155-200
730-1135	19.8-33.1	0.1-2.0	12.8-15.7	-9.6- -12.9	877-1236	265-330
880-1450	13.8-14.4	-1.6-0.5	11.9-12.7	-10.5- -15.7	701-980	155-314
1320-1800	-1.2-4.2	-2.1-3.8	9.3-11.1	-13.1- -17.9	822-980	165-314

羅臼，浜頓別，黒松内，長万部，蘭越，京極，空知吉野，豊富，問寒別，美深，上川，東川，麓

の間にある凹地で，普通は湛水して開水面をもつ．

ブルテ：ブルト，ハンモック（hummok）あるいは小凸地ともいう．高層湿原に特有な微地形で，泥炭地の表面にできる凸状の高まり．ブルテ周囲のシュレンケに比べると乾燥している．

ローン：山地湿原や高層湿原でイネ科や小形スゲ類，ミズゴケ類などで構成される芝生状の植生．

表 2.5 A：北海道の低地湿原植生の主な群落タイプと分布，B：北海道の山地湿原植生
湿原番号 26：歌才，27：サロベツ，28：浅茅野，29：モケウニ沼，30：猿骨沼，31：標津，32：風蓮川，33：西別，34：走古丹，35：落石岬，36：ユルリ島，37：別寒辺牛，38：霧多布，39：釧路，40：十勝海岸，41：勇払

A

湿原グループ	Ia	Ib		IIa							IIb		IIIa	
湿原名（番号）	41	26	40	28-30	39	38	37	32	33	34	31	27	35	36
1　水生植物群落														
1-1　沈水・浮葉植物群落														
（1）オヒルムシロ群集		○	○	○	○	○					○			
（2）ヒツジグサ群集	○	○	○	○	○	○					○			
（3）ネムロコウホネ群落			○		○	○	○	○			○			
（4）ヒシ群集		○	○	○	○	○					○			
（5）ジュンサイ群落					○						○			
1-2　抽水植物群落														
（1）ミツガシワ群集		○		○	○						○	○		
（2）ヒメカイウ-ミツガシワ群集											○			
（3）ヒメカイウ-ヨシ群集					○									
（4）コウホネ群落		○	○	○							○			
（5）ミズドクサ群集		○	○	○			○		○	○	○			
（6）フトイ群集		○		○							○			
（7）マコモ-ヨシ群集		○		○							○			
2　低層湿原植生														
（1）ヨシ群集		○	○	○	○	○	○	○	○	○	○	○		
（2）イワノガリヤス-ヨシ群集		○	○	○	○	○	○		○	○	○	○		
（3）エゾノレンリソウ-イワノガリヤス群集	○													
（4）オオカサスゲ群集		○		○		○					○			
（5）ヤラメスゲ群集		○	○	○	○	○	○				○	○	○	
（6）オオアゼスゲ群集		○												
（7）ナガバツメクサ-カブスゲ群集					○									
（8）ツルスゲ群集		○	○	○		○				○	○			
（9）ムジナスゲ群集		○	○	○	○	○	○	△			○	○		
（10）ヤチヤナギ-ムジナスゲ群集		○		○		○		○		△	○			
3　中間湿原植生														
（1）ホロムイスゲ-ヌマガヤ群集		○			○						○	○		
（2）ムジナスゲ-ヌマガヤ群集	△	△	△	△		○					△	△	△	
（3）ムジナスゲ-ワタスゲ群落														○
（4）チシマガリヤス-カラフトイソツツジ群集					○									
4　中間・高層湿原植生														
4-1　シュレンケの植生														
（1）ヤチスゲ群集			○		○	○	○	○			○			

の主な群落タイプと分布（橘, 2002より）.
湿原番号 1：ニセコアンヌプリ, 2：鏡沼, 3：神仙沼, 5：パンケメクンナイ, 6：チセヌプリ, 8：中山, 9：大蛇ヶ原, 10：雨竜沼, 11：中峰の平, 12：松山, 14：浮島, 15：天人峡瓢箪沼, 16：原始ヶ原, 17：天人ヶ原, 18：沼ノ平, 19：沼ノ原, 22：羅臼湖

B

湿原グループ	IIIb		IVa			IVb		IVc						V	
湿原名（番号）	1-3	11	15	16	17	12	14	5	6	8	9	10	22	18	19
1　水生植物群落															
1-1　沈水・浮葉植物群落															
（1）オヒルムシロ群集											○				
（2）フトヒルムシロ群集	○		○	○	○			○	○			○	○	○	○
（3）エゾベニヒツジグサ群集							○				○				
（4）ネムロコウホネ群落	○										○				
（5）オゼコウホネ群落											○				
（6）ホソバウキミクリ群落											○				
（7）チシマミクリ群集					○								○	○	○
（8）ミクリ属群落		○							○	○					
（9）スギナモ群落											○				
1-2　抽水植物群落															
（1）ミツガシワ群集		○	○	○								○	○	○	○
（2）クロヌマハリイ群集		○									○				
（3）ミズドクサ群集											○				
（4）カラフトカサスゲ群落											○				
2　低層湿原植生															
（1）ヨシ群集				○							○				
（2）イワノガリヤス群落				○								○			
（3）イワノガリヤス-コバイケイソウ群集												○			
（4）オオカサスゲ群集				○								○			
（5）オニナルコスゲ群落				○								○			
（6）ヤラメスゲ群集												○			
（7）オオアゼスゲ群集			○												
（8）ムジナスゲ群集												○			
（9）エゾホソイ群落						○						○			
3　中間湿原植生															
（1）ホロムイスゲ-ヌマガヤ群集	○			○		△									
（2）ムジナスゲ-ヌマガヤ群集												△			
（3）ヤチカワズスゲ-シラネニンジン群落				○											○
4　中間・高層湿原植生															
4-1　シュレンケの植生															
（1）ヤチスゲ群集				○			○			○					
（2）ホロムイソウ-ミカヅキグサ群集	○	○	○	○						○	○			○	○

湿原グループ	Ⅰa	Ⅰb		Ⅱa							Ⅱb		Ⅲa	
湿原名（番号）	41	26	40	28-30	39	38	37	32	33	34	31	27	35	36
(2) ホロムイソウ-ミカヅキグサ群集				○	○	○	○	△			○			
(3) ヤチスギラン-ナガバノモウセンゴケ群集											○			
(4) オオイヌノハナヒゲ-ミカヅキグサ群落		○												
(5) ホロムイクグ-ミカヅキグサ群落									○			○	○	
4-2　ローンの植生														
(1) ヌマガヤ-イボミズゴケ群集		○					○		○	○		○		
(2) チシマガリヤス-イボミズゴケ群集					○		○	○						
4-3　ブルテの植生														
(1) ホロムイイチゴ-イボミズゴケ群集					○						○			
(2) カラフトイソツツジ-チャミズゴケ群集				○	○	○	○	○	○	○	○	○	○	○
(3) チシマガリヤス-チャミズゴケ群集					○									
5　低木・高木群落														
5-1　ハンノキ群落	○	○	○	○	○	○	○	○	○	○				
5-2　ヤチカンバ群落							○							
5-3　アカエゾマツ群落				○							△	○		

△：一部に小規模群落あり

湿原グループ	IIIb		IVa			IVb		IVc						V	
湿原名（番号）	1-3	11	15	16	17	12	14	5	6	8	9	10	22	18	19
(3) ヤチスゲ-ホロムイソウ群落	○		○	○				○	○	○	○	○	○		
(4) ヤチスゲ-ナガバノモウセンゴケ群集														○	
(5) ウツクシミズゴケ群落					○							○		○	○
(6) フサバミズゴケ群落															○
(7) ヒメタヌキモ-ホシクサ属群落												○			
4-2　ローンの植生															
(1) ミヤマイヌノハナヒゲ-ワタミズゴケ群集	○		○	○		●	●	●	●	○	○	△	●	●	●
(2) ミヤマイヌノハナヒゲ-ユガミミズゴケ群落					△							△			
(3) ヌマガヤ-キダチミズゴケ群落（ヤチカワズスゲ-キダチミズゴケ群集）					△							○		■	■
(4) ヌマガヤ-イボミズゴケ群集	○		○	■	■	■		○	△	■		○	■	■	■
4-3　ブルテの植生															
(1) ホロムイイチゴ-イボミズゴケ群集	△				△							△			
(2) カラフトイソツツジ-チャミズゴケ群集					△	○						△	△		
(3) ミヤマミズゴケ群集														△	△
(4) スギバミズゴケ群落					△		△							△	△
5　低木・高木群落															
5-1　アカエゾマツ群落	○		○	○	○	○				○				○	○
5-2　ハイマツ群落	○					○	○			○				○	○
5-3　チシマザサ群落					○	○					○	○			
5-4　クロマメノキ群落						○									
5-5　ミヤマヤナギ群落												○			

●：ミヤマイヌノハナヒゲなし，■：ヌマガヤなし，△：一部に小規模群落あり

第3章　湿原の植物

3.1　ミズバショウ
　　──北の気候に適応したサトイモ科の不思議な植物

（1）ミズバショウとは

　中部地方以北の山岳地帯や北海道の低地・山地の湿原で，早春の花といえば，やはりミズバショウであろう．"夏がくれば思いだす　はるかな尾瀬遠い空……水芭蕉の花が咲いている……"尾瀬ヶ原を歌ったあまりにも有名な作詞：江間章子，作曲：中田喜直の「夏の思い出」である．尾瀬ヶ原を全国的にも有名にし，多くの登山客を呼ぶ発端になった歌である．尾瀬ヶ原は標高が高いので，湿原の早春の花ミズバショウは初夏の6月頃咲くが，北海道の低地湿原では4月中下旬から5月にかけて，まさに雪融けとともに開花が始まる（図3.1）．長く過酷な冬を過ごす北海道人にとっては，待ちに待った春であり，その喜びを分かち合うかのようにほかの植物に先駆けて真っ白な目立つ花を咲かせる春告げ花のひとつである．

　ミズバショウ（*Lysichiton camtschatcense*）は，サトイモ科の大型多年生草本で，本州，北海道，千島，カムチャッカ，サハリン，ウスリーの極東アジアに分布する．日本では兵庫県以北の多雪地域の湿地に群生し，北海道では低地から亜高山帯まで，降雪の少ない道東地方も含め広く全道に分布している．したがって北海道では，どこでででも見られるごく普通の植物で，「へびのまくら」とか「べこの舌」などという不本意な呼び方をされることも多い．ミズバショウの属するサトイモ科には，サトイモ，コンニャクのほか，切花用として世界中で栽培されるカラーや，アンスリウム，観葉植物として

図 3.1 石狩川河口マクンベツ湿原のハンノキ-ミズバショウ群落.

図 3.2 アメリカミズバショウ (*Lysichiton americanus*). 仏炎苞は黄色でミズバショウよりやや細長い（北海道大学北方生物圏フィールド科学センター植物園で撮影).

用いられるモンステラの仲間，マムシグサやウラシマソウなどのテンナンショウの仲間などが含まれる．サトイモ科は熱帯から亜熱帯を中心として，世界に広く分布し115属3000種以上あるといわれている．北海道では，ミズバショウのほかに，ザゼンソウやヒメザゼンソウ，ヒメカイウなど，熱帯地域に分布の中心があるサトイモ科の中で，寒冷な地域に適応した"変わり者"が分布している．どの種もミズバショウによく似た花の形をしているが，形態学的には相違点が見られミズバショウとは属が異なる．ミズバショウと同じ属の種は，北アメリカ西岸に分布するアメリカミズバショウ（*Lysichiton americanus*）のみで（つまり，世界で1属2種である），ミズバショウでは白い仏炎苞が黄色でやや細長いのが特徴である（図3.2）．落葉広葉樹林の林縁の湿地に群生し，日本のミズバショウの花がいいにおいを発するのに対して，においが悪いためスカンク・キャベッジ（skunk cabbage）と呼ばれることもある（開花時に臭いにおいを発するザゼンソウが skunk cabbage と呼ばれているが，Wikipedia によればアメリカミズバショウもスカンク・キャベッジあるいは Western skunk cabbage と呼ばれ，においが悪いことになっている：https://en.wikipedia.org/wiki/Lysichiton_americanus. 参照）．

　さて，人々に親しまれているミズバショウだが，花の咲いていない季節の暮らしぶりや生態は意外に知られておらず，その開花特性，繁殖特性，生育の特徴，生育地の環境などは，十分に解明されておらず，不明な点が多い．

　私は，湿地林や湿原の植生，特に植物群落と立地環境の関係解明を，自分の仕事の柱としてきた．どちらかというと，特定の植物種の暮らしぶりに注目するのではなく，植物の集まりである植物群落の種組成や構造，分布，成因，人為的影響，そして群落と立地との関係解明を研究してきた．例外として湿地林構成樹木，とりわけハンノキについてはいろいろ研究を行ってきたが（3.4節参照），いわゆる種生態，個体群動態の本格的な研究を北海道に移り住むまで行ったことがなかった．したがって，ミズバショウの個体群動態の研究を始めた頃は試行錯誤の連続だった．たとえば，タネから発芽した幼苗の生死と生育の経過を追いかけるには，個々の区別が必要で，個体番号を付けなければならない．小さな幼苗のミズバショウは，秋になって地上部が枯れてしまうと，越冬用の芽が小さくてわからなくなる．そのために，越

冬しても消えない番号札が必要である．最初は竹串にビニールテープを旗状に貼って番号を書いたものを用いた．ところが，竹串はすぐに腐ってしまい，うまくない．次に針金を用いたが，細いと折れるし，太いと細工しにくい．針金の太さと赤いビニールテープ（透けないタイプがよい）の適度な長さが決まり，さらにビニールテープが風雨にさらされているうちに針金から抜けない工夫をするなど，旗ひとつとっても試行錯誤だった．

　数年を経て調査スタイルが決まった後は，4月から10月まで毎月2回（調査地が3か所に分散していたので2日に分けて調査）ミズバショウ個体群動態解明のために，学生さんにお手伝いをお願いして調査に出かけた．春の調査地はミズバショウが咲き乱れ大変美しいが，その後は群落の様相が刻々と変化する．真夏も胴長を履いて蚊に刺されながら，這いつくばって泥だらけになる調査なので，わが研究室では，ミズバショウ調査に耐えられれば，ほかの調査はチョロイとまでいわれる始末である．調査すればするほど，わからないことが増え，気がついたら18年も調査を続けていた（実は20年を目標にしていたが，18年目に左膝を怪我して調査ができなくなり，そこで断念……）．

（2）ミズバショウ調査が始まった訳

　なぜミズバショウを研究するようになったのか，簡単にお話ししよう．

　私が北海道大学に転勤して間もなく，石狩川の治水対策の一環として，河口に程近い丘陵堤の嵩上げがなされることになり，高さ2m，すそ野は20mから30m盛り土によって広げる計画が公表された．この工事に伴い，石狩市生振（当時は石狩町）のマクンベツ湿原と呼ばれるミズバショウ群生地の一部が，埋め立てられることになった．それを知った市民や北海道自然保護協会，ミズバショウを救う会などから反対意見が続出，検討の末，築堤の工法の見直しとミズバショウの移植で決着がついた．ミズバショウは1990年の11月に同じ生振のミズバショウの密度が低いヨシ原と国設滝野すずらん公園に移植された（図3.3）．農学部の辻井達一教授がミズバショウの保護対策検討委員をされていたことから，私は移植後の経過調査等を引き受けることになり，それがミズバショウを研究する発端となった．

　この北海道開発局がらみの仕事は数年で終了したが，ミズバショウが人々

図 3.3 移植のために掘り起こされた石狩市生振マクンベツ湿原のミズバショウ.

によく知られた植物であるのに,その生態がほとんど明らかになっていないこと,また,その暮らしぶりが大変ユニークなことに惹かれて,個人的にずっと調査を続けてきたのだ.

(3) ミズバショウの形態と生活環

ミズバショウの花の構造について見てみよう(図 3.4).

白い花びらのように見えるものは,「仏炎苞」と呼ばれるもので,ひとつの花あるいは花の集まりである花序を抱く小型の特殊化した葉である苞の一種である.サトイモ科の多くの種では,この苞が花序を覆う 1 枚の帯状の総苞葉である「仏炎苞」となっている.この仏炎苞の中にあるこん棒状のものは,肉穂花序と呼ばれる花の集合体である.花のついた枝全体あるいは花のつき方のことを花序というが,ミズバショウの場合は,花序軸が多肉になっている.1 本の花序は 80 個から 1000 個の小花からなり,それぞれの花が 4枚の花被片,1 本のめしべと 4 本のおしべをもっている.仏炎苞と肉穂花序をもつことが,旧サトイモ科植物のほぼ共通の特徴となっている(新しい

3.1 ミズバショウ——北の気候に適応したサトイモ科の不思議な植物　69

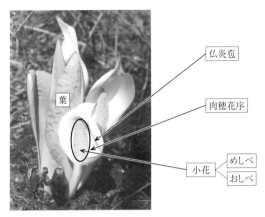

図 3.4　ミズバショウの形態.

APG III分類体系では，旧分類でしばしば科内に含まれていたショウブ科が独立し，ウキクサ科がサトイモ科に含まれたので，ここでは旧サトイモ科とした）.

次にミズバショウの生活環（life cycle）つまりミズバショウの一生について概説しよう（図3.5）．ミズバショウは多年生草本であるから，一度，定着した個体は環境が変わらなければ，長い年月，生育を続けることができる．7月下旬から8月上旬に種子は熟し，果実は地面に落ち散布され，種子の一部は水などによって運ばれる．散布された種子は年内中，あるいは越冬後に発芽して実生となり，その後，生き残った幼個体は成長を続ける．あるサイズまで成長すると成熟個体として開花するようになる．この一連の生活環は，開花によって種子を生産し子孫を残す種子繁殖，つまり有性繁殖によるものである．一方では，図3.5に示したように，地下の根茎部分から側芽（ラテラル lateral bud）と呼ばれる芽を出して（図3.6），それが成長し，やがて成熟個体となる栄養繁殖（無性繁殖）も行っている．側芽は何年もかけて大きくなり，やがて根が切れて，別個体となる．このようにミズバショウは，有性生殖（種子）と無性生殖（側芽）という2つの異なった繁殖様式をもち，両方の方法で個体数を増やすことができる．

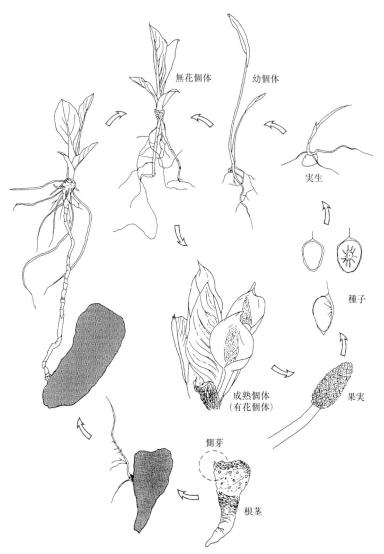

図 3.5　ミズバショウの生活環（Fujita and Ejima, 1997 より）．

3.1 ミズバショウ——北の気候に適応したサトイモ科の不思議な植物　71

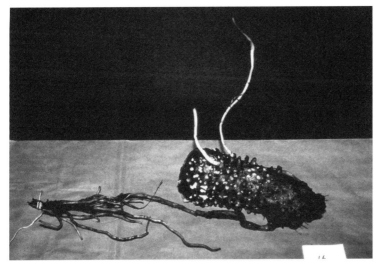

図 3.6　ミズバショウの根茎から伸びた側芽の様子（撮影：江島由希子）．

（4）ミズバショウの1年

　石狩市生振マクンベツ湿原のミズバショウ群落もそうであるが，各地のミズバショウ群落には開花時期に多くの人が訪れる．しかし開花期が終わると訪れる人もいなくなり，開花後のミズバショウの生活ぶりを知る人は少ない．図3.7は，マクンベツ湿原のハンノキ-ミズバショウ群落の1年の様子である．ミズバショウは，ヨシ原内では数が少なく，大きな群落はハンノキ林の下に形成されている．4月，雪が融けると直ちに，開花が始まる．冬の積雪量と春先の気温で開花時期は左右されるが，石狩だとおおむね4月中旬から開花が始まり，連休前後に開花は終了する．そして花が終わると，急激に葉が展開し草丈もぐんぐん伸びる．6月になると，葉はさらに巨大になり，開葉数も1年のうちで最大となる．7月下旬頃に果実は成熟し，地面に落ちて種子が散布される．8月になると，葉の展開が鈍り，さらに出てくる葉のサイズも小さくなり，展開していた葉は次第に倒れて枯れていく．10月には完全に展葉が停止し，円錐形の越冬芽の状態になる．この越冬芽は，弾力性に富んだ厚い葉柄が大部分の越冬葉で覆われている．12月には根雪となり，ミズバショウは雪の下で春を待つこととなる．

72　第3章　湿原の植物

図3.7　ハンノキ-ミズバショウ群落の1年（石狩市生振マクンベツ湿原）．

　図3.8は，初夏の巨大化した葉身の様子である．ミズバショウの「ばしょう」という名前は，この巨大化した葉が芭蕉布の材料として利用されるバショウ（バナナの仲間）の葉に似ているために，名付けられたといわれている．図3.9は，ミズバショウの形態や重量を計測するために，マクンベツ湿原から7月の初めに掘り取ってきたミズバショウである．最も大きい個体は高さが160 cm 近くある．なぜ，春には純白の美しい花を咲かせ，植物体が

3.1 ミズバショウ——北の気候に適応したサトイモ科の不思議な植物　73

図 3.8　初夏の巨大化したミズバショウの葉身.

図 3.9　石狩マクンベツ湿原から掘り取ってきたミズバショウ.

小さかったのに，花が終わるとこのように巨大化するのだろうか？

（5）巨大化の理由

　石狩市生振のハンノキ-ミズバショウ群落内に 7 m×7 m の調査方形区を設け，方形区内のすべての個体に番号を付けてその生育の調査を 2 週間おきに行う．図 3.10 はミズバショウの大きさによってクラス分けを行い，それぞれのサイズごとの草高の平均値を求め，その季節変動を示したものである（冨士田・江島，1998）．ご覧のように，個体サイズが大きいクラスも小さいクラスも，草丈は 6 月上旬から中旬頃に 1 年で最も高くなり，その後時間の経過とともに草丈が低くなっていく．一方，図 3.11 は葉の形態の季節変化を葉の実測に基づき，模式的に表した図である（冨士田・江島，1998）．早春，生育開始とともに展開してくる最初の葉 2，3 枚は，葉身と葉柄の区別が不明瞭で肉厚な葉で，長さ 20 cm 程度である．次に開花が進むと，4 月下旬から 5 月中旬にかけて，葉身と葉柄が明瞭で，図 3.11A の葉よりも薄い葉が展開してくる．さらに 5 月中旬頃からは，大きく薄い葉身と長い葉柄を

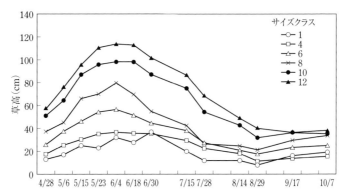

図 3.10 ミズバショウの個体サイズクラス別草高の季節変動．サイズクラスは，6月上-中旬に展葉する1年間で最も大きな葉（最大葉）の長さにより，個体を10 cm刻みでクラスに分けたもの．この図では6つのクラスのみ表示した（冨士田・江島，1998より改変）．

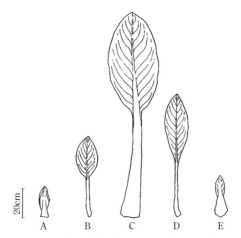

図 3.11 ミズバショウの葉の形態の季節変化．A：生育開始とともに展開する最初の葉 2-3 枚は葉身と葉柄の区別が不明瞭で肉厚，B：4月下旬から5月中旬にかけての開花期とその直後の葉身と葉柄が明瞭でAよりも薄い葉，C：5月中旬から6月中旬の大きくて薄い葉身と長い葉柄をもった葉．6月初旬から中旬に1年間に展開する葉の中で最大のものが現れる，D：果実の落果期の7月下旬から8月中旬の葉身の長さに対して葉幅が狭い葉，E：果実の落果終了後の8月中旬以降の葉柄と葉身の区別が不明瞭な肉厚の葉（冨士田・江島，1998より）．

3.1 ミズバショウ——北の気候に適応したサトイモ科の不思議な植物　75

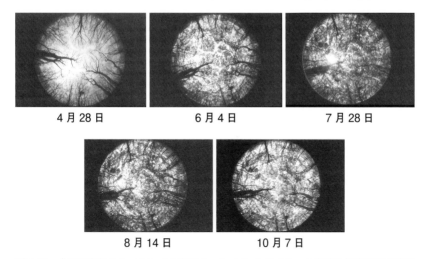

図 3.12 全天写真によるマクンベツ湿原のハンノキ-ミズバショウ群落の光環境の季節変化（撮影：江島由希子）.

もった葉に移行し，6月初めから中旬頃に1年間に展開する葉の中で最大のものが出現する．最大葉の長さは大きいもので130 cm 前後にもなり，最初に展開する葉の7倍近い．最大葉が出現した後も，この形態の葉が展開するが，葉のサイズは少しずつ小さくなっていく．7月下旬から果実の落果期に入ると，葉身の長さに対して，幅の狭い葉が展開してくる．果実が落下し8月中旬以降になると，葉柄と葉身の区別が不明瞭な肉厚の葉が展開し，9月中下旬にはさらに葉身の部分が極端に小さい硬くて分厚い葉が現れ，10月中旬にはこの葉で包まれた円錐形の越冬芽の形態となる．このような葉の形態の変化や草丈の推移は，いったい何と関係があるのだろうか？

　図3.12は，調査地の定点で，魚眼レンズを使い調査のたびに撮影した，全天写真の一部を示したものである．ミズバショウが開花している4月下旬から5月上旬は，まだ林を形成しているハンノキの葉が展開しておらず，林内は明るい状態である．5月の下旬になると林内は徐々に暗くなり，6月上旬を過ぎると急激に暗くなる．そして7月下旬に林内は1年で最も暗くなる．その後は徐々に，ハンノキの夏の落葉の影響などで林内は明るくなっていく．この全天写真から，開空度（360度の全天のどれぐらいが開いているかを示

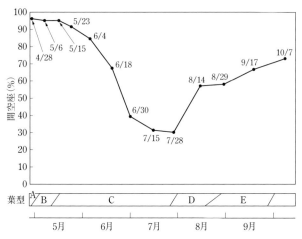

図 3.13 マクンベツ湿原のハンノキ-ミズバショウ群落の開空度の変化．図下部の葉の形態 A-E は図 3.11 参照（冨士田・江島，1998 より）．

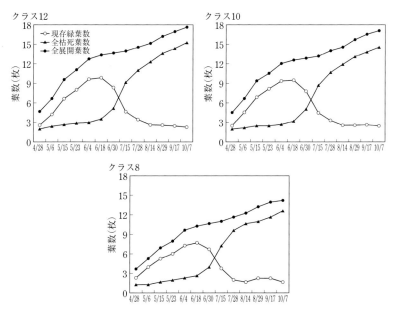

図 3.14 マクンベツ湿原のミズバショウの個体サイズクラス別葉数の季節変動（冨士田・江島，1998 より改変）．

すもの）を計算し，グラフにしたのが図3.13である（冨士田・江島，1998）．横軸の部分に図3.11の葉の形態AからEが，どの時期に現れるのかを帯で示してある．

一方，図3.14はミズバショウのサイズクラスの中から，クラス8，クラス10，クラス12を取り上げて，葉数の変化を示したグラフである．横軸は時間，縦軸は葉の数を示す．●で示した折れ線は展開した葉の総数，○線はそれぞれの時期に実際に生きて開葉していた葉数（現存緑葉数），▲線は枯れた葉の総数を示す．現存緑葉数の変化に着目すると，開花開始後に急激に葉数が増加し，6月上旬から中旬に最大値が現れ，その後1か月余りで開花時とほぼ同じ数にまで減少している．この現存緑葉数のグラフの形は，図3.13の開空度のグラフの上下を反対にした形にそっくりで，相違点はピークがややずれている点だけである．つまりミズバショウはハンノキ林内の光環境にうまく適応して生活しているのである．雪融けとともにさっさと開花し，林内が明るいうちにどんどん葉を展開させて光合成を盛んに行い，林内が暗くなるにつれて展開する葉の形態を変え，その間に結実・散布を行う，という戦略である．石狩のマクンベツ湿原や北海道の低地では，ミズバショウはヨシ群落のような湿生草本群落中には少なく，ハンノキやヤチダモの林の下で優占し，大きな群落を形成している．ヨシ原で少ない理由は解明されていないが，ハンノキ林の中はハンノキの葉が展開すると暗くなることから，ヨシにとっては繁茂するには都合の悪い場所である．ヨシという生育場所を争うライバルが少ないことが低地のミズバショウがハンノキやヤチダモの林の下に群落を形成する理由のひとつであろう．一方，山地帯では明るい湿原内の小川の水辺に列を作って生育したり，拠水林の林床に群落を形成したりする．山地帯では低地の広葉樹湿地林の光環境とは異なる，開けた明るい場所での生育が中心で，低地とは異なるどのような生育戦略をとっているのだろうか？　今後解明してみたい課題である．

(6) どのくらいからオトナになるのか
──開花は何歳になると始まるのか？

夏に，掘り取ったミズバショウ個体の葉を外側から剝いていくと，中心部にその年の秋に越冬するための厚い葉柄をもった葉が出てくる．さらにこの越冬芽を剝いていくと，外側から葉2枚と花芽1個が規則正しく並んでいる

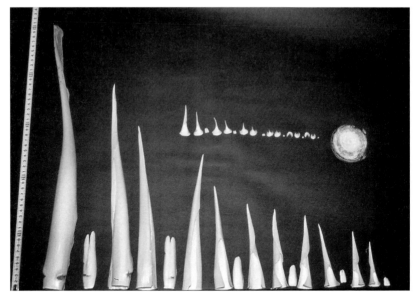

図 3.15 ミズバショウ越冬芽の中の葉と花芽の配列（撮影：江島由希子）．

ことがわかる（図 3.15）．詳しく調べてみると，ミズバショウは成長点まで常に，葉，ひとつの花芽，葉，ひとつの側芽という規則的な配列を繰り返している．当時，私のところでミズバショウを材料に卒業論文と修士論文を書いた江島由希子さんは，ミズバショウがこのような規則的な器官の分化をしていることに気づき，掘り取ってきては分解して観察していたのだが，同じ時期にミズバショウの器官の構造とその発達について興味をもって調べていた人たちがいた．東北大学理学部生物学科植物分類学研究室の星比呂志さんと大橋広好教授である．彼らは江島さんが卒論を書いた年に，横浜で開催された国際学会でミズバショウの器官の分化に関する発表を行っていた（Hoshi and Ohashi, 1993）．彼らと江島さんによれば，ミズバショウの花芽は 8 月頃に分化し，23 か月の成長期間をかけ 2 年後の春に咲く．葉は 7 月に分化して 15 か月かけて翌年の 10 月に出来上がり，そのまま越冬して次の年の 4 月から順次，展葉する．一方，いくつかの側芽は夏に分化して 1-2 年後に新しい芽として成長を開始する．調べてみると，ザゼンソウやミズバ

3.1 ミズバショウ——北の気候に適応したサトイモ科の不思議な植物

ショウの成長点付近での器官の分化や配列について，詳細に調べた人がすでにいて 1911 年に論文が書かれていた（Rosendahl, 1911）．

　花をつける成熟個体は 1 年間に 15-20 枚前後の葉を展開するので，そのまま単純計算すると花序の数は 7-10 個になる．しかし実際には，1 から 4 個程度，多い場合でも 6 個というのが開花に至る花序の数となっている．つまり，開花の後に展開する葉とセットになっている花芽は，花として発達せずに萎縮・消失してしまうのである．側芽も何らかの条件がそろった年の夏季に発達するだけで，普段は発達しない．咲かせる花の数はいつ，何によって決まるのだろう？　花を咲かせる数がどうやって決まるのかという疑問を解決するために，石狩市生振のほか 2 か所でミズバショウ個体群の様子を，江島さんと調べてみることにした．

　新しい調査地は石狩のマクンベツ湿原からは，遠く離れたニセコ町，芦別市惣芦別の個体群である．ニセコ町の調査地は，標高約 100 m の丘陵地斜面脚部の小さな湧水湿地でミズバショウのほかにエゾノリュウキンカ，やや乾いたところにはカタクリやエゾエンゴザク，ユキザサ，オオバナノエンレイソウなどが咲く．惣芦別の調査地は，芦別市に所在し，三笠市から桂沢湖を経由，芦別湖を経て惣芦別川沿いを登った谷の平坦地に位置する．標高は約 500 m で，ヤチダモやハルニレ，ケヤマハンノキが疎生する．ヒグマの出没する山奥で，調査時は毎回ハンターさんを雇って一緒に行ってもらった（幸い，一度も発砲しなくてすんだ）．個体群は小さいが，草本群落中のものと，林縁部の林床のものと 2 つの調査方形区を設けた．花が咲いた後に遅霜にあうこともある厳しい環境の場所である．

　調査に先立ち，方形区の外から大きさの異なる個体を掘り取り，形態を江島さんが丹念に調べた．ミズバショウには歳を示す特別な形態や痕跡がなく，ミズバショウの集団を構成する，ひとつひとつの年齢は不詳である．実際の個体群は，大きさの違う様々な個体で構成されており，個体群の変化を追いかけるには，これらの個体を何らかの尺度でクラスに分けて認識する必要がある．一般には，個体の重さを使うのが普通だが，掘り取ってしまったら，個体群の季節変化や年次変化を継続して調べることができない．そこで，掘り取ってきた様々な大きさの個体の計測から，1 年間のうちでその個体が出す葉の中で最も大きい葉の長さ，これを以降，最大葉長と呼ぶことにするが，

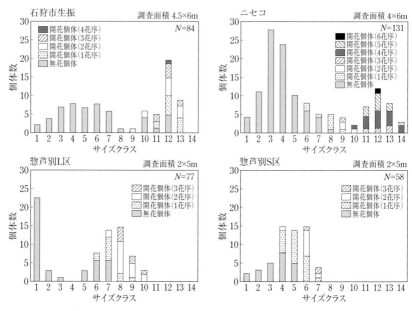

図 3.16 石狩市生振・ニセコ・惣芦別のミズバショウ個体群のサイズ構成(クラス別の個体数と開花花序数).

これと個体の重さの間には高い相関があることが明らかになった(江島・冨士田,未発表).

まず集団の個体サイズについて調査する.各調査地で一定面積の調査区を設け,その中に出現する個体すべてをマーキングし,それぞれの葉長を2週間おきに測定する.図3.16に,方形区内のミズバショウを最大葉長を使い10 cm刻みのサイズに分けて,さらにそれぞれのサイズに属する個体数を示した(冨士田・江島,未発表).石狩市生振はサイズクラスが1から13まで,ニセコは1から14までの個体で集団が形成されていた.この2つの地域に対して,惣芦別ではL区,S区ともに大きな個体は出現せず,S区はクラス7までの個体しか見られなかった.

さらにサイズクラスと開花花序数との関係を見てみると(図3.16),どの調査地でも個体のサイズクラスが大きくなるほど開花花序数は増加する傾向があった.さらに開花する最小の個体サイズは,生振がクラス9,ニセコが

クラス6，惣芦別L区がクラス6，惣芦別S区がクラス4であった．つまり，惣芦別S区ではかなり小さな個体から開花が始まるが，石狩では大きい個体にならないと開花せず，惣芦別と同じ大きさになっても開花が起こらないこともわかった．1つの株での開花花序数の上限は，生振で4個，ニセコで6個，惣芦別では3個であった．このように開花と個体サイズの関係は，生育環境が異なる個体群で，まったく異なっていた．

さらに，これまでの研究から各調査地での気温や光合成有効波長域での光量の季節変化などに違いが見られた．特に生育期間は3地域でまったく異なり，この違いを反映して1年間に出す葉の数には差があること，さらに開花に至る花序の数は花芽が発達する前の年の光合成による稼ぎと開花・結実に必要なエネルギーとの関係で決まるのではないかという予測ができる．これから始める長年集めたデータの解析結果に期待しよう．

(7) 謎がいっぱい

私は世界で一番ミズバショウの研究を行っている研究者であると自負しているが（ただし論文を書いていないので，胸を張っていえないが……），ほかにもミズバショウに注目している方がいらした．植物の受粉について研究されている田中肇さんは，ミズバショウの結実・散布に関するしたたかな戦略について報告している（田中，1998；Tanaka, 2004）．ミズバショウの開花は最初にめしべが花被片を押し上げて外に現れて柱頭が開き，次におしべが順番に伸びて葯が裂開する（大橋，1982）ことが知られていたが，田中さんはめしべのみが成熟している雌性期に続き，めしべの柱頭が受粉可能な状態でおしべが伸びて花粉が飛び出す時期を両性期とし，詳細な観察等から両性期の自家受粉に加え，双翅目（ハエ目）の昆虫を中心とした虫媒受粉や風媒受粉の可能性があることを示した．さらに種子散布についても，一般に知られているタネが水で運ばれる水散布のほかに，ツキノワグマの被食によって嚙み砕かれなかったタネが糞とともに散布されるという事例も挙げ（田中，1997；Tanaka, 2004），ミズバショウの受粉と散布方法のしたたかさを示した．

ミズバショウは1株に数本の花序をつける．江島さんの観察によると，ある花序が開花し始めてから次の花序の開花が始まるまでは2-10日，1花序の開花期間は6-14日である（江島，1995）．ひとまとまりの個体群に着目す

ると，花をつける成熟個体が個体群内には多数存在する．個体群内で，最初の花が咲き始めるのはまだ寒い時期で，気温も低く虫の活動も停滞している．遅霜にあって花がダメになってしまうこともある．だが次々に個々の株の花序で開花が始まる頃には，だいぶ気温も上がってきて虫の活動も活発になる．個体群として最も多くの花が開花している時期には，雌性期，両性期，雄性期（花序内の基部から頂部までの小花すべてがおしべの葯が裂開した状態）の花序が混在しているので，自家受粉も他家受粉も同時に起こっていると推定される．個体群の種子生産効率がどのようになっているのか，気になった江島さんは，個体群の開花開始日から開花終了日まで1日おきに，全花序が雌性期，両性期，雄性期のどの相に当たるのかを記録している（図 3.17）．さらに開花後しばらくしてから，花序を採取し胚珠数と種子数を数え，結実率（結実種子数／全胚珠数）を求めている．忍耐が必要な大変な調査である．彼女は修士論文でその結果をまとめているが，残念なことに，結論を論文化するために必要な継続調査を行う機会がなく，江島さんのミズバショウの研究は修士論文で幕が引かれてしまった．これまでたくさんの学生さんと研究を行ったが，江島さんは優秀で熱心なトップクラスの学生のひとりだった．

　江島さんが巣立った後も，私はミズバショウの調査を続けてきた．受粉関係については調査を行っていないが，調査方形区内の実生の加入と死亡の状況については，18年間，毎月調査を行ってきた．個体群によって発芽のピーク時期に明らかな差があることがわかってきた．また，10年に1回といった特異的な気象条件の年に，普通の年の何倍もの発芽が起こることなど，長い期間，地味な追跡調査を行わないと真の個体群動態は明らかにならないことも身をもって知った．

　さらにニセコの個体群では，ミズバショウにとって大事な種子が成熟直前に野ネズミによって食べられる現象が観察されている．毎月調査に通って観察していると，果実が充実してきて，来月あたりには成熟して落下しているだろうと予想して翌月現場に行ってみると，果実は忽然と消えている．果実の軸が残りその下に何者かに囓られた食いカスがこんもりと山になっている．ザゼンソウではネズミが種子を運び貯食することが，富山大学の和田直也教授が大学院生として北海道にいらした頃の研究として報告されているが（Wada and Uemura, 1994），ミズバショウではどうなのだろう？　江島さん

3.1 ミズバショウ——北の気候に適応したサトイモ科の不思議な植物　83

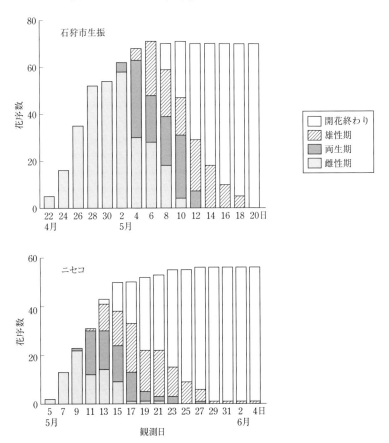

図3.17 各個体群の開花フェノロジー．石狩市生振の個体群では4.5 m×5.0 m に生育する開花個体30個体について，ニセコの個体群では4.0 m×3.0 m に生育する開花個体14個体について，各観測日にそれぞれの花序が凡例に示した4つの相のどれに当たるのかを調べ花序数で示した（江島，1995より）．

は早い時期からこの現象に疑問を抱き，果実にプラスチックカップや袋をかけたりしていたが，ことごとく囓られ種子の採集に失敗していた．私も網戸のネットで包むなどいろいろとチャレンジしてみたが，20個中たった1個だけ無傷，半分残ったのが2個だった．その時は，割と頻繁に調査に通ったのだが，たった数日でカップやネットに穴を開けられ食われてしまった．

　ネズミの仕業だろうと想像はついていたが，犯人の特定が必要である．実

はニセコの調査地の野ネズミの種類については，私の職場の同僚の市川秀雄技術専門官が調べている．市川さんが調査したところ，アカネズミ，エゾヤチネズミ，ヒメネズミ，珍品のムクゲネズミが生息していた（市川，2002）．そこで市川さんにネズミ個体群の動態調査をお願いして，種子を食べているネズミの種類を確認するために赤外線カメラを設置してもらった．当時の自動撮影カメラは動くものがカメラの視野に入るとシャッターが落ちる仕組みになっていて，1枚目はすぐに撮影できるが，2枚目以降になるとフィルムを巻き上げる音がして被写体に逃げられるケースが多かった．1か月近くカメラを設置したが，なかなかうまく撮れない．ネズミが写っているが，ミズバショウの茎を上り果実を囓っている写真がどうしても撮れないのである．そして，いつも通り一斉に果実が食われてしまい撮影期間が終了してしまった．結局，撮影に失敗したと落胆していたところ，写真屋が忘れていった1本のフィルムに決定的瞬間が収まっていた（図3.18）．ニセコの調査地でミズバショウの種子を食べていた主犯はアカネズミであった．ミズバショウに似ているサトイモ科のザゼンソウ属3種の果実も，長野県自然保護研究所の大塚孝一さんと北野聡さんによる自動撮影装置の記録から，成熟前にアカネズミ，ヒメネズミ，ハタネズミに捕食されていることが明らかにされている（大塚・北野，2003）．ニセコの写真にはネズミのほかに小鳥類やエゾタヌキも写っており，小鳥たちが意外と地上に下りて昆虫などを採食すること，普段は会わないエゾタヌキが調査地に生息していることなどを教えてくれた．

　次に，ことごとく種子を野ネズミに食われてしまい，発芽実験用の種子を入手できない問題に関しては，90 cm×360 cmのプラスチックの波板を3枚に切断して高さ120 cmの円柱状につないで，ミズバショウ個体全体を覆うことによって，種子を手に入れることができるようになった（図3.19）．波板の覆いは，野ネズミがジャンプしても入れない高さになり，穴を開けられない強度がある．さらに地際から穴を掘って中に入られないように，地際で波板を深さ10 cm程度土の中に埋めることにした．この方法は，様々な失敗の後に，市川技術専門官が考案した．さらに発芽実験に適する種子を得るためには，現地で果実をしっかり成熟させる必要があった．花軸や種子の周りの果肉を腐らせないと，実験中にシャーレ内でカビが発生したり，種子そのものが腐ってしまうのだ．波板の中のそれぞれの果実には，果実が成熟し

図 3.18 ミズバショウ種子を捕食するアカネズミ.

図 3.19 ミズバショウ種子を採取するための波板のネズミよけ.

86　第3章　湿原の植物

図 3.20　ネズミに捕食されたミズバショウ果実と種子.

て地面に落ちても困らないように，通気性のよい，台所用の排水ネットをかぶせた.

　2005年からは，ネズミによる採食がいつ頃からどの程度始まり，どのように種子がなくなるのかを調べるために，新たな調査方形区を2か所に設けた. 特に6月中旬頃から7月中旬は，できるだけ頻繁にニセコに調査に行くようにした. その結果，年次変動が激しいのだが（果実の成熟時期の降雨状況や，ネズミの個体数の年次変動などに左右される），おおむね，野ネズミたちは，6月下旬頃から試し食いをちょっとずつ行い，成熟少し前から成熟直前までの10日程度の短い期間にミズバショウのタネを夢中になって食べていることがわかった（図 3.20）.

　また，これまでの各月1回の調査では，ミズバショウの果実がことごとくネズミに食べられてしまったように感じていたのが，実際は，方形区内の果実の 20-60% が捕食され，年変動が激しいこともわかった（冨士田・市川，

未発表).ネズミにとって,ミズバショウは7月上旬頃の重要な餌となっているようである.また,試し食いをしていることから,彼らにとっての食べ頃があるらしく,どんな理由で食べ頃を決めているのか謎である.

　発芽実験も含め,まだまだ解明しなければいけない不思議が次々と出てくる.そんな研究,世の中の役に立たないとお叱りを受けそうだが,疑問をもち解明するのが科学の醍醐味であり,面白味である.これがあるから,みんな研究がやめられない.ミズバショウの調査は,生物は季節変動に加え,年変動をしており,しかもその変動は短くても10年単位で変化していること,地味な観察が新しい知見を得るには非常に大切であること,そして生態系の中での生物の暮らしぶりは,生態系で生きる様々な生物同士や,天候や水位などの環境要因と複雑に絡み合っており,簡単に解明できないことを私に教えてくれた.ミズバショウの研究は,左膝の怪我により18年目で終了してしまったが,今後,山のように積み上がったデータ解析を行う予定である.さらに残った疑問については,時間や手間がかかるが,解明のための調査をやれるだけやってみるつもりだ.

3.2　ムセンスゲ
——植物地理学的・植生地理学的視点から

（1）ムセンスゲを見つける

　1998年6月,北海道教育大学旭川校の橘ヒサ子教授と私は,道北のオホーツク海に面したモケウニ沼,浅茅野湿原の調査に出かけていた（図3.21）.これは,橘先生がメンバーになっていた環境省のプロジェクト「湿原生態系及び生物多様性保全のための湿原環境の管理及び評価システムの開発に関する研究」の調査のためで,農林水産省北海道農業試験場（現・北海道農業センター）と共同で研究を行っていた.モケウニ沼は農業試験場が,周辺の農用地（牧草地や放牧地）から排出,流入する負荷物質が,湿原の作用でどのように浄化されるかを調べるモデル調査地としてフィールドに選んだ場所であった.

　モケウニ沼周辺の湿原をリストアップしてみると,猿払川周辺の湿原の調

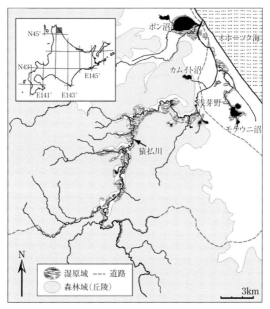

図 3.21　猿払川からモケウニ沼周辺の湿原.

査がほとんどなされていないことに気がついた．橘先生は，北海道および日本の湿原植生研究の第一人者で，さらには大変探究心の強い方でもある．ぜひとも猿払川周辺の湿原を視察しようということになり，6月15日の午前中に出かけることになった．湿原は猿払川の下流部から上流まで川辺に連続的に点在している．この猿払川に沿って未舗装の道道が通っている．猿払川は川幅が狭いが下刻作用により水深が深いので，対岸に湿原がある場合，川を渡るための何らかの策と道具を持参しないと，湿原には入れない．川と道路の間に湿原が存在する場合は，藪漕ぎすれば湿原まで行ける．点在する湿原の中でも，丸山という基盤岩の高まりからなる小高い丘に接する湿原（猿払川丸山湿原と呼ぶ）は，湿原を分断して道路が走っていることから，容易に湿原に入れる．橘先生と丸山湿原内に入ってみた．シュレンケと低いブルテが連続する微地形が広がり，大変美しい湿原だ．ふと橘先生が，足元の青白い葉のスゲ属植物に目を留め，「……．これは，ムセンスゲと呼ばれているスゲではないかしら……」と一言．ムセンスゲ？　橘先生も実はそれまで

3.2 ムセンスゲ——植物地理学的・植生地理学的視点から

図 3.22　ムセンスゲ（B のスケッチは加藤，2011 より）．

ご覧になったことはなかったのだが，図鑑等でそのような珍しいスゲが北海道の大雪山に生育していることをご存知だった．橘先生の鋭い観察力に脱帽，そのスゲは確かにムセンスゲであった．猿払川のムセンスゲは，後に調べてみると橘先生が気づかれる前に愛知県の小林元男さんにより報告されていた（小林，1987）．

ムセンスゲ（*Carex livida*）は，北アメリカ北部を中心にヨーロッパ北部（北ヨーロッパやロシア西部）に分布し，極東地域ではカムチャツカ，千島列島（ケトイ，オネコタン，パラムシル，シュムシュ，択捉，国後），サハリン北部，朝鮮半島北部，および北海道に分布する高さ 15-25 cm の小型のスゲで，葉の色が白っぽい粉緑色なのが特徴である（図 3.22，図 3.23）．北アメリカ，北ヨーロッパ，極東地域のやや貧栄養な湿原内の浅い水の溜まった凹地（シュレンケ）に生える．ムセンスゲという和名は，漢字で書くと「無線菅」で，北千島パラムシル島の無線山という地名に由来するといわれているが，誰が名付けたのか，文献や標本を当たっているが，現時点では決

90　第 3 章　湿原の植物

図 3.23　北海道，千島列島，サハリン，カムチャツカにおけるムセンスゲの分布域．文献および標本から作成（加藤，2012 より）．

定的なことはわかっていない．千島ではパラムシル島で最初にこのスゲを発見した工藤祐舜先生の記載文（Kudo, 1922）には，和名は書かれていない．宮部金吾先生と工藤祐舜先生による"Flora of Hokkaido and Saghalien Ⅱ"には和名として Musen-suge とあることから（Miyabe and Kudo, 1931），ど

ちらかの先生が名付けたのではないだろうか．北極を取り巻くように，冷涼な地域に分布し，日本では北海道に点在することから，氷河期の遺存種（relic species；過去の気候，その他の環境条件から現在までのこれらの変化に耐えて生き残った生物種のこと．一般には，現存種に抑圧されているものが多い［沼田，1983］）と考えられている．また環境省の絶滅危惧Ⅱ類（VU）に，北海道レッドデータブック2001で希少種（R）に指定されている．

実はムセンスゲはその存在を頭に入れておかないと，シュレンケとその周辺に生えている粉緑色の小型のスゲは，すべてヤチスゲと思い込んでしまい，見落とす危険性が高い．しかし，両者を比較してみるとヤチスゲとは色も形も異なり，この特徴的な粉緑色の色を一度頭に入れてしまえば，湿原を歩いていて，ムセンスゲがあるのかないのかすぐわかるようになる．日本国内では標高約1700 mの大雪山高根ヶ原周辺の湿原のみに分布するとされていたが，前述のように猿払川湿原にも隔離分布していることが確認された．

（2）ムセンスゲの出現場所

ムセンスゲはシュレンケがあれば，どこにでも生育しているわけではない．極東地域では，特に中層湿原や高層湿原の微傾斜地に発達する特有の微地形である「ケルミ-シュレンケ複合体」の見られる場所に生育する．ケルミ-シュレンケ複合体とは，泥炭地の表面にできる塚状の高まりであるブルテよりも連続性のある帯状の高まりであるケルミ（原語はフィンランド語）の群落とシュレンケの群落が，等高線に沿って配列するもので，この群落の組み合わせと広がりのことを指す．ケルミの原語がフィンランド語であることからもわかるように，この等高線に沿ったケルミ-シュレンケ複合体は，スカンジナビア半島やシベリア，カナダなどの高緯度地方の湿原でよく発達し，等高線に沿ってケルミとシュレンケが大きさや幅は不規則だが帯状に配列するため，図3.24の大雪山水田ヶ原湿原群のように航空機や山の上から見ると縞模様に見えるのが特徴である．この地形は北海道の湿原では，山地帯の湿原，特に大雪山の湿原で多く見られ，低地湿原では猿払川丸山湿原や，下サロベツのパンケ沼に向かう緩い傾斜のある高層湿原などで見られる．

図3.25は，大雪山高根ヶ原の平ヶ岳南方湿原のムセンスゲ生育地の様子である．まるで水を張った幅の狭い棚田のようで，ケルミが棚田の畔のよう

図 3.24　大雪山水田ヶ原湿原群（湿原目録 159 番）のケルミ-シュレンケ複合体．等高線に沿ってケルミとシュレンケが帯状に配列している（撮影：岡田操氏）．

図 3.25　大雪山平ヶ岳南方湿原のケルミ-シュレンケ複合体．ケルミとシュレンケが縞状に並ぶ．

に見える.この平ヶ岳南方湿原の中には,一部で周氷河地形の一種であるパルサ地形(図2.15参照)が見られることから,極めて厳しい気象条件下にあることがわかる.北海道はユーラシア大陸東端区域にあり,ムセンスゲの分布するほぼ南限であることから,西シベリアやカナダ北部,スカンジナビア半島に類似した厳しい気候条件の大雪山の高根ヶ原にムセンスゲが生育するのもうなずける.しかし,ケルミ-シュレンケ複合体が見られるところなら,どこにでもムセンスゲは生育しているわけではない.不思議なことに同じ大雪山系でも北東側の沼ノ平湿原や南西側の銀杏ヶ原湿原,原始ヶ原湿原にはケルミ-シュレンケ複合体があるが,現在のところムセンスゲは確認されていない.その後,2006年に私たちの研究室の岩崎健君が知床半島の羅臼湖でムセンスゲの生育を確認した(高橋・岩崎,2007).知床半島は国後島が見える道東の気象条件の極めて厳しい,温帯と亜寒帯の移行帯に当たる場所なので,知床で発見したというニュースに,研究室の一同は「よく見つけた!」という賞賛とともに,「あってもおかしくないよね」と互いに冷静に話したものだ.それではなぜ,低地の猿払川湿原の中流部の湿原に分布しているのか,謎は深まるばかりである.

(3) 国後島へ

千島列島にはムセンスゲが分布することが知られている.戦前に千島の島々の植物の調査を行った北海道大学植物園の初代園長の宮部金吾博士や,植物と植生の調査を行った舘脇操博士などの調査結果から,ムセンスゲは北方四島の中では択捉島と国後島で記録されている.北海道が極東地域における分布の南限で,産地極限という理由で環境省は絶滅危惧Ⅱ類(VU)に指定しており,ロシアでもレッドデータプランツになっている.

私は2000年から4回,北方四島の調査に行く機会を得た.しかしロシアに実効支配されている島での調査は,様々な制限があり思うようにはいかない.島への上陸がまず困難である上に,上陸したら制約のある中で,ロシア側が調査を許可する場所で,許す範囲内で最大限の効果を得る調査をするしかない.初めて国後島に行った年は,特に陸上での活動に対する制限が非常に厳しく,ほとんど調査らしい調査や植物採集ができなかった.唯一,ロシア側のカウンターパートともいえる国後島の自然保護官のナターリアが,帰

路につく前日，半日連れて行ってくれた国後島古釜布湾に面した低地に広がる湿原（以下，古釜布湿原と呼ぶ）で，白っぽい小型のスゲをシュレンケで見つけた．しかし花も実もついておらず，葉の色からこれはムセンスゲでは……と第六感が働いただけであった．ナターリアも舘脇先生のリストにあるムセンスゲを探しているが，まだ見つけていないといっていた．

　古釜布湿原は国後島中部の太平洋に面した古釜布（ユジノクリリスク）市街地の北西に広がる湿原である．湿原は，古釜布沼から海岸砂丘にかけて東西約6 km，南北約2 kmにわたって広がっており，中心部には高層湿原植生が，東側の河川に近い部分にはミズゴケの少ない中間湿原植生が見られる．古釜布湿原の海側には円弧状に数列の砂丘があり，砂丘間には湿原が発達し，湿地環境によって矮小化したアカエゾマツが生育する（図3.26）．北方四島がロシアに実効支配される前，日本の領土であった時代に舘脇操先生がアカエゾマツ林の調査を行っており，古釜布湿原と北海道東部の春国岱でしか確認されていない砂丘上のアカエゾマツ林が報告され（舘脇・平野，1936；舘脇，1943），学術上からも極めて貴重な場所となっている．「アカエゾマツ林の群落學的研究」（舘脇，1943）を読んで，一度はこの目で見てみたいと切望していた場所であった．ナターリアが連れて行ってくれたのは古釜布湿原の東側で，ケルミ-シュレンケ複合体が一部で見られる場所であった．

　その後，北方四島には，2年目は色丹島，3年目は択捉島に行き，そして陸上班の調査の最終年である4年目に再び国後島で調査ができることになった．4年目は，これまであった数々のトラブルを乗り越え，日本側の希望がある程度受け入れられ，やっと調査らしいことができた年となった．

　まず，出かける前に古釜布湿原のどこを調査地として狙うかを考えた．日本側に北方四島の現状を写す空中写真はない．ロシア側もおそらく当時，空中写真は撮影していない．仮にあっても入手不可能である．当時はGoogle Earthのような便利なツールはなかった．今ならば，Google Earthに「国後島古釜布」と入れて検索すると，古釜布（ユジノクリリスク）の北西側に広がる古釜布湿原を誰でも見ることができる（ここをお読みの読者の方はぜひ，Google Earthでその場所をご覧になりながら読んでください．臨場感が違います！）．当時はそんな便利なものはなかったので，まず衛星画像を探した．酪農学園大学の金子正美先生に相談すると（金子さんはGISが専門で，

図 3.26 国後島古釜布湿原.上:調査合間の昼食の様子,下:砂丘から砂丘間湿原にかけてのアカエゾマツ林.

北方四島調査の共同研究者であり，一緒に四島に出かけていた），IKONOS の画像を探してきてくれた．この画像には，古釜布湿原がしっかり写っており，湿原の奥の東側部分にケルミ-シュレンケ複合体が広がっていることがわかった．どうも，前にナターリアに連れて行ってもらったのは，今回のターゲットの部分とは異なるようである．湿原全体の植生と微地形がわかるように湿原中央部を縦断する長い測線と，最もケルミ-シュレンケ複合体が発達した部分を画像上で決め，緯度・経度や方位を事前に算出した．制約が多い上に短期間の調査となるので，あらかじめ調査ラインやポイントを決めておくことは，効率的な調査実施には非常に有効である．なんと便利な世の中になったものだ．この時ほど衛星写真のありがたさを感じたことはなかった．国後島のムセンスゲは，絶対ここに生育しているという確信をもった．さらに，当時大学院生だった加藤ゆき恵さん（現・釧路市立博物館学芸員）を，一緒に連れて行くことにした．彼女は，ムセンスゲの生育地の立地や植生の研究を修士論文のテーマに選び，猿払はもとより，大雪山の調査にも出かけていたからである（これらのムセンスゲが生育する湿原と微地形の詳細については，加藤ほか，2011；Kato and Fujita, 2011；加藤・冨士田，2015を参照）．

（4）国後島で発見！

まず調査初日の 7 月 11 日に古釜布沼東側の地点でムセンスゲを発見！やはりありましたよ．翌日からは，舘脇先生が絶賛した古釜布湿原の砂丘列上のアカエゾマツ林と砂丘間の湿原の様子をとらえるため，湿原中央部に設けた測線でライントランゼクト調査を行った．十分な機材を持ち込めないので，望遠高度付きのハンドレベルを使った原始的な測量をやりながら，調査を進めた．国後島調査隊長である北海道大学農学部の近藤誠司教授（現・名誉教授）のほか，たくさんの人が手伝ってくださった．

4 日目，あらかじめ空中写真から抽出していた地点に行くと，ムセンスゲが多数生育していた．この地点で測量をすると，200 m の距離で比高が 25 cm ほどの緩やかな傾斜地で，縞状の地形の凹凸が連続して現れ，凹地の部分は滞水したシュレンケとなっていた（図 3.27）．この帯状のシュレンケとブルテが湿原内の緩斜面に対して等高線状に連続して配列する地形は，まさ

3.2 ムセンスゲ——植物地理学的・植生地理学的視点から　97

図 3.27　国後島古釜布湿原のムセンスゲ生育地.

に「ケルミ-シュレンケ複合体」で，生育地の予想がズバリ当たった．

　北ヨーロッパや北アメリカでは，ムセンスゲはアーパ泥炭地と呼ばれる湿原に生育することが知られている．アーパ泥炭地は周極地域に広く分布する湿原の一タイプで，シュトラング（string；帯状の畔部）とフラルク（flark；帯状のくぼみ）とが等高線状に交互に配列している地形のことをいい，フラルクの大きいものは幅が数百 m 以上になることもあり，規模はケルミ-シュレンケ複合体よりもずっと大きい．ケルミ-シュレンケ複合体もアーパ泥炭地と同様に帯状の地形の起伏が等高線状に配列する地形であることから，ムセンスゲの生育に適した地形のひとつと考えられる．しかし北海道の山地湿原（たとえば大雪山沼ノ平湿原，沼ノ原湿原など）のケルミ-シュレンケ複合体が発達するところでもムセンスゲが生育しない湿原が数多くある．また，スウェーデンや北アメリカでは，ムセンスゲがケルミ-シュレンケ複合体もしくはアーパ泥炭地以外の地形で生育している例が報告されている．しかし，少なくとも北海道周辺では，ケルミ-シュレンケ複合体という微地形がムセンスゲの生育に適した微環境を形成する必要条件と考えら

れ，シュレンケの水深や水の動きといった特異的な水文環境，あるいは地史的な背景などが分布と関係しているものと推察された．

（5）猿払川湿原とムセンスゲ

　北海道の湿原に生育する植物は，北半球の温帯や亜寒帯の湿原と共通の種，あるいは同じ属で極めて類似した種が多い．これは，晩氷期から後氷期にかけての地球のたどってきた歴史と関係している．今から約3万年前から1万9000年前の最終氷期の最も寒かった時期には，海面は現在よりもずっと低く（Lambeck et al., 2002），北海道はサハリンと陸続きになり部分的に大陸とつながっていたと考えられている（小野・五十嵐，1991）．そして，約1万2000年前の最終氷期終了以降，次第に気温が上昇，暖かくなるに従い，ユーラシア，ヨーロッパ，北アメリカ大陸では氷河が後退していき，湿原の形成が始まる．日本の主たる山岳湿原も完新世（1万2000年前から現在まで）に入ってからの気温上昇と降水（雪）量の増加に伴って形成が始まる．大雪山のムセンスゲの見つかった高根ヶ原の平ヶ岳南方湿原は，花粉分析の研究報告によると，形成開始は約5000年前である（高橋ほか，1988）．新産地である知床の羅臼湖湿原は，勝井ほか（1985）によると形成開始は今から約3000-2500年前である．これらの湿原が形成される前，ムセンスゲが北海道のどこの湿原でどのように暮らしていたのか，あるいは北海道にそもそも分布していたのか，まったくわからない．仮に寒い時期にあちこちの湿原に生育していたものが，次第に暖かくなるにつれ絶滅し，大雪山や知床に遺存種として隔離分布したとしよう．しかし，それならばなぜ，猿払川湿原にムセンスゲが残ったのだろうか．確かに道北の猿払村周辺は，厳しい気候ではあるが山岳地域ではない．低地である．

　猿払川流域には，大小様々な湿原が上流から中流域，下流域まで点在している．しかし，ムセンスゲが見つかったのは，標高約10 mの猿払川中湿原から上流側の湿原ばかりである（図3.28）．最終氷期以降の温暖期，縄文海進の時の海面が高かった時期に，現在ムセンスゲが生育している猿払川中流域の湿原から上流部は海の底にならずに，陸上の湿原のままだったのではないだろうか？　そこが隔離分布を可能にさせる場として存在していたのでは……？　標高10 m以下の猿払川流域の中・下流部の湿原にムセンスゲが生

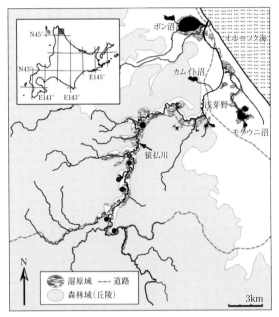

図 3.28 猿払川湿原でムセンスゲの生育が確認された湿原（黒丸のついている湿原）．

育していないのは，当時は海の底だったからではないか……．

　そんな妄想的な仮説もあって，猿払川丸山湿原と猿払川中湿原で 2007 年に花粉分析用の泥炭のボーリングを行った．どちらも深さ 10 m 近くまで泥炭が堆積していた．人が手動で行うハンドボーリングは，10 m が限界である．その下がどうなっているのかはわからない．猿払川中湿原のサンプルを見ると，水分が多い泥炭が堆積しており，3.5 m 付近から泥炭に粘土が混じり，6 m あたりから木本片が多数混じる．9 m 付近から粘土が多くなり，最後は湖底堆積物状の層となった．ハンドボーリングを実施した猿払川中湿原は，最初は大きな湖のような場所だったのかもしれない．今，私たちが立っているところよりも，かつては地面が 10 m 近くも下にあったと考えると，とても不思議な気分になる．^{14}C 年代測定によって，いったいどれぐらいの年代が出るのか？　花粉分析をされる五十嵐八枝子先生からの情報をわくわくしながら待った．五十嵐先生は，泥炭が 10 m 以上も堆積していたので，

最終氷期以前の晩氷期の泥炭も検出できるのではないかと期待されていたが，結果は，深さ約 9 m 付近で約 6000 年前となったことから，それ以前から湿原化が進行したというものであった（Fujita *et al*., 2012）．さらに，丸山西湿原では 2015 年に再び採取されたコアを用いて，およそ 4500 年前以降の大型植物化石（種子や葉など）による植生の変遷が明らかになった（矢野ほか，2016）．

　こうなると，10 m 以下の堆積物がどうなっているのか，知りたくてたまらなくなる．そこで，自然地理学，水文学，第四紀学，環境考古学，植生史学が専門の研究者に声をかけ，新たに猿払川流域の湿原群の発達史と植生変遷を解明する専門家チームを結成して，科学研究費の確保にトライした．しかし生態学分野ではとれない．新参者として地理学の分野に出し続け，苦節 4 年目にしてやっと待望の科学研究費が採択になり，2015 年から詳細な調査が始まった．今度はハンドボーリングではなく，櫓を立てた機械ボーリングで堆積物を採取する．2015 年 11 月にボーリングを実施したところ，33 m で基盤に当たった．サンプルの分析を始めると，堆積学，火山灰分析，珪藻分析，プラントオパール分析などの専門家が次々研究協力者に加わってくださり，さらに面白くなってきた．これまでの分析からムセンスゲが分布する猿払川湿原の中で，最も下流に位置する標高約 10 m の猿払川中湿原は，泥炭が堆積する前，静かな浅海から汽水環境だったことがわかった．海にならなかったという仮説は，違っていたのだ．今後，皆さんのデータが出そろい議論することで，まずは猿払川中湿原の形成史が明らかになるであろう．また，さらに上流域の湿原でボーリングをすることで，縄文海進時に海にならなかった場所の形成史が明らかになるとともに，北海道北部での第四紀後期の海水準変動や気候変動，構造運動や土石流等の動的な地形要因が，湿原の発達に与える影響が明らかになることが期待される．その中で，ムセンスゲがなぜ猿払川湿原に生育するのか，この謎を解くヒントが得られるかもしれない．

3.3 チョウジソウ
── 絶滅が心配される氾濫原の草本植物

（1）石狩でチョウジソウを発見

かつて日本で最大面積の湿原として広がっていた石狩泥炭地（石狩湿原）は，北海道内で最も早い時期から開拓が着手され湿原が姿を消していった場所で，現在ではわずか2か所に湿原を残すのみである（詳細は第4章4.4節を参照）．2つの湿原以外は，農地の間に「原野」と呼ばれる荒地が小面積で点在するか，蛇行する河川の周辺や湿原の縁に広がっていた自然の湿地林を利用した防風林の一部が細々と残るだけで，もはや湿原の面影はない（ただし，石狩泥炭地内の防風林は自然林を利用したタイプもあるが，原野を開拓する時に測量を実施して防風林帯を設定しそこに植林したものが多い）．

石狩泥炭地では農地開発の進行に伴い，1990年代から，泥炭地の特性を見極めた農地の生産性の持続とともに，生物多様性の向上，自然環境との共存・共生，農地開発以前の泥炭地景観の復元が意識されるようになってきた．中でも札幌市に近い新篠津村や月形町などを中心とする篠津泥炭地地域は熱心で，梅田安治北海道大学農学部教授（現・名誉教授）や篠津中央土地改良区，当別町，新篠津村，月形町の行政関係者など総勢15名は，イギリスとオランダの泥炭地を基盤する農業地帯で，農業と自然環境の調和・保全がどのようになされているのか，現地視察・研修を実施している（北海道泥炭地研究所，1995）．そして篠津泥炭地での実践を考えるようになっていた中，2001年，新篠津村沼ノ端の原野の調査の話が舞い込んだ．私と当時，学部生だった加藤ゆき恵さんが，原野の所有者である林さんから許可をいただき，フロラ調査を始めた．

原野は，水田や農道と接し，それらとの間の四方を排水路で囲まれた面積2.3 haの孤立した泥炭地である（図3.29）．この地は林さんの先代が水田開発をせずにそのまま残しておいた土地で，過去に植栽されたシラカンバが，りっぱな林を形成していた．一部には，園芸植物やクリなどの樹木が植栽されており，人為の影響も大きい．測量や現地踏査により，原野は古い川跡だった場所を含み，ズブズブのヤチマナコ状の湿地があったり，排水路が何

図 3.29 新篠津村沼ノ端の原野の様子. 道路（上）や水田（下）に囲まれている.

3.3 チョウジソウ——絶滅が心配される氾濫原の草本植物

図 3.30 チョウジソウ.

本か掘られていたりと，多様な立地を内包しているが人為の影響の強い場所であることが明らかになった．加藤さんと春に調査に行ったものの，農地雑草は多いし特に珍しい湿地の植物があるわけでなく，ごく普通の遷移の進んだ原野であった．ところが初夏のある日，フロラ調査に出かけた加藤さんと藤村善安君が，「珍しい花をとりましたよ」といって植物園に戻ってきた．珍しい花？　えっ！　何？　3人とも，これまで見たことのない植物だった．青藍色の星型の楚々した美しい花である．チョウジソウだった（図3.30）．当時，チョウジソウ（*Amsonia elliptica*）は環境省の絶滅危惧Ⅱ類（VU）に指定され，湿地の開発，植生の遷移，土地造成が減少の主要因とされていた（環境庁自然保護局野生生物課，2000）．

調べてみると，図鑑によっては北海道に分布していないことになっている．また，人家近くに生えるので，北海道で生育しているものは本州から移入された可能性が高いと記載された図鑑もあった．確かにこの原野の一角には，林さんの先代が植えた植物が残っている．しかし，チョウジソウを2人が発

見した場所は，川の自然堤防とおぼしき小さな高まりの部分とそれに続く湿潤地で，植物を植栽するような場所ではない上に，林さんが庭として利用されていた場所から離れている．これは移入したのではなく，自生に違いない，と直感した．

　そこから，北海道内のチョウジソウ探しが始まった．どのようなところに分布しているのかを調べてみると，移入ではなく分布の北限のようだ．南から北に分布を広げてきた温帯性植物の中には，分布が北海道内の途中で止まり北限や東限に達しているものが知られている．渡邊定元先生や大木正夫先生が樹木について北海道内での分布限界パターンを整理してそれぞれのパターンに名前を付けており，オオバクロモジ，トチノキのように石狩低地帯付近で分布が止まっているものをトチノキ型と命名している（渡邊・大木，1960）．チョウジソウはこのタイプに当たる温帯性の植物だと考えられた．それ以来，チョウジソウを本格的に調査したいと，ずっと気になっていた．

（2）本当に北海道に自生しないのか？

　2007年，4年生の加川敬祐君の卒論研究として，チョウジソウの北海道中央部における分布と生育環境について調べることにした．まず，過去の分布状況を北海道大学の植物標本や文献を使い調べる．すると，石狩とその周辺のほか，雨竜，長万部（静狩湿原）や函館などで記録があった．標本，文献記録のあった場所に加え，北海道の植物研究家の方々やコンサルタント会社勤務の知人から現存の生育地情報をいただき，チョウジソウの生育確認に出かけた．その結果，現在のチョウジソウ生育地の多くが，元々自然の湿生林だったものを防風林として利用している場所であった．加川君の植生調査結果は，これらの場所がハンノキ-ヤチダモ群集の特徴をもった湿生林であることを確かに示していた．チョウジソウは北海道内では，石狩，空知，渡島地方以外での分布情報がなく，渡邊・大木（1960）や伊藤（1982）の北海道内における温帯系植物の分布型のトチノキ型（おおむね石狩低地帯の丘陵地付近で分布が停止する植物群）に当てはまる（図3.31）．

　さらに，踏査で分布を確認した場所の土壌タイプを，国土庁発行の20万分の1土壌図（1975）で調べてみると，グライ低地土，低位泥炭土，灰色低地土などで，地形的には沖積平野の氾濫原の自然堤防から後背湿地側，低位

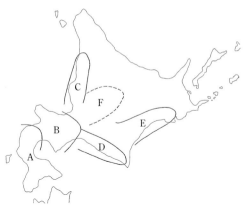

図 3.31 北海道における温帯系植物の分布型（渡邊・大木, 1960；伊藤, 1982 より作成）. A：ブナ型（*黒松内低地帯［奥尻島を含む］を分布の北限とする植物で, 関東-東北地方に発達するブナ林との結びつきの濃い植物からなる）, B：トチノキ型（黒松内低地帯よりも北東に前進し, おおむね**石狩低地帯の丘陵地付近で分布が停止する植物）, C：ドクウツギ型（石狩低地帯から日本海沿いに北上する植物からなる分布型. 日本海を流れる対馬海流や冬季の多雪型気候との関連が深い）, D：クリ型（太平洋に沿って襟裳岬付近まで東進する分布型で, 渡島, 胆振, 日高地方にわたって分布する植物. あるいは, 東北地方の太平洋側で分布が知られ, 北海道では日高地方に分布する植物も含む）, E：アカシデ型（襟裳岬を越えて, 太平洋沿いにさらに東進する分布型で, 十勝, 釧路地方に見られる温帯要素の植物）, F：タニウツギ型（クリ型またはドクウツギ型およびアカシデ型の変形で, 日高山脈を越えて東進, 北上あるいは内陸部に分布が及ぶ植物）.

*黒松内低地帯：日本海側の寿都と太平洋側の長万部を結ぶ渡島半島基部を南北に横切る低地帯. **石狩低地帯：石狩平野から勇払平野にかけての低地帯.

泥炭地へと移行する部分に位置していることが明らかになった．また，舘脇操先生の幌向泥炭地の植物目録には「葦沼野に生ず」とあり（舘脇，1931），北海道農業試験場の星野好博さんによる美唄泥炭地の植物目録には「生育地低位泥炭地――樺戸道路々傍に多く，中小屋東方第二幹線溝畔にも生ず」とあり（星野，1939），星野さんの報告書の地図で確認すると，上記で指摘した立地と土壌タイプに当てはまった．

　これらの調査結果から加川君は，卒業論文で北海道内のチョウジソウは自生である可能性が極めて高いと結論を出した．この年，チョウジソウは，レッドリストの見直しで，準絶滅危惧（NT）へランクが下げられた（最新の2015年版でもNTである）．ランクが下がった理由は，関東地方を中心にチョウジソウの生育する河畔林や草地での調査が進み分布状況が明らかになってきたこと，確認された個体数が想定より多かったこと，また一部の生育地では保全策がとられていることなどによる．とはいえ，北海道のチョウジソウは少数が限られた地域に点在しているのみである．なおかつ生育地の防風林は，隣接する農地との間に掘削された排水路の影響で地下水位が低下し，オオハンゴンソウなどの外来種やササの侵入・繁茂が進む，チョウジソウにとって極めて危険な場所である．

　さらに私たちは，全国のチョウジソウの分布状況を把握して自生地が限られているチョウジソウの保全のための情報を収集すること，全国からDNA解析のためのサンプルを集め野生集団間の系統関係を把握し，その分布経路を推定するとともに，北海道のチョウジソウが自生であることを裏付ける研究を行うことにした．

（3）全国の分布状況

　全国のチョウジソウに関する文献，ネット情報，環境省や都道府県の情報，大学や博物館の植物標本ラベル情報，そして植生学会や日本植物分類学会の会員の方や，各都道府県在住の地域植物相研究者の方々などからの情報提供をいただき，北海道から九州まで，その生育の確認に出かけた．また私たちが行けない場所は，情報提供者の方に確認いただき，場合によってはDNA解析用の葉の採取もお願いした．

　各地で地元の植物相研究者の方に，本当にお世話になった．彼らが私たち

3.3 チョウジソウ——絶滅が心配される氾濫原の草本植物

に快く協力してくださったのは，チョウジソウをはじめとする絶滅のおそれの高い植物を守るために，情報集約や現状把握が必要なことを誰よりも理解されていたからである．また，調査に行くたびに，皆さんの地元愛と植物愛を感じた．

　こうして集めたチョウジソウの分布情報は，加川君の修士論文の中でまとめられた．しかし，修士論文からの投稿論文化が進まなかった．茨城県に就職した加川君の執筆を数年間待ってみたが，仕事の忙しさ等々で断ち切れになってしまった．このままではマズイ……．結果を世に出さないのは情報をくださった方に対して申し訳ない．保全に結びつかなければ，情報は埋もれてしまう．そこで，加川君の研究の元データをひもときながら，情報の整理を始めた．やり始めると，植物標本情報の不備と不足が気になり，結局，京都大学や東北大学の標本庫をお邪魔し，一から標本の見直し作業を行った．余談になるが，チョウジソウのさく葉標本の中には，植物学者なら誰でも知る有名な方々の標本が混じっており，今さらながらに植物標本の偉大さと証拠標本の重要さに感じ入った次第だ．確認した標本は 400 枚近くあったが，ディプリケイト（同じ場所で同じ日に同じ人が採取し，同じ標本番号を付けた重複標本のこと）もあったので，実際は 200 ほどの情報にまとまった．中には 1850 年代に採集された標本も存在した．採集された標本数の年代別の推移を見ると，元々産地が多い植物ではないことから，10 年間で植物標本が 20 枚を超えたのは，1920 年代，1930 年代，1980 年代，2000 年代のみで，特に 2000 年代が多かった．2000 年代に多いのはレッドデータの見直し作業のために，絶滅危惧植物の調査を全国の研究者や地域植物相研究家の方が積極的に行ったからだと思う．

　これらの新たな標本調査の整理と生育確認調査の再確認作業を経て，ほぼ 2 年がかりで日本のチョウジソウの産地と現況を論文にすることができた（冨士田ほか，2016）．チョウジソウは北海道から宮崎県に至る 38 都道府県の 180 産地で記録があり，そのうち 61 産地での生育が確認された（図 3.32）．しかし，7 都府県で絶滅，7 府県で現状不明で生育が確認できなかった．残存している生育地は，各県で 1 か所から数か所のことが多く，チョウジソウは広い分布域をもちながら，産地が散在しており，その分布が不連続であることが明らかになった（冨士田ほか，2016）．

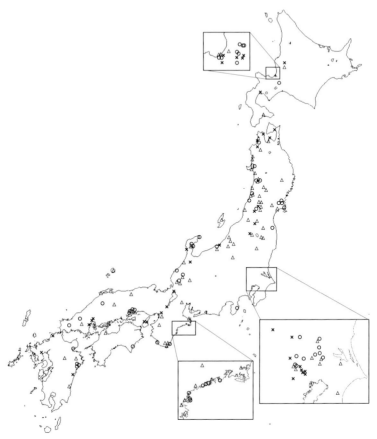

図 3.32 日本におけるチョウジソウの分布が確認された産地状況. ○：2008, 2009, 2012 年に生育を確認した産地, ×：絶滅, △：現状不明（冨士田ほか, 2016 より）.

　生育確認に出かけた場所では，おおよそのシュート数（チョウジソウは地下茎が横に這い，そこから直立の茎［シュート］を出すので，株数を数えるのは実質，無理）を数えたのだが，その結果を比較すると，北海道は本数が多い地域のひとつとなり，正直，これには驚いた．北海道は分布の北限で，道央から道南にのみに分布していたが，道南では絶滅，道央の産地の多くも絶滅していたからである．加川君と散々探しても，見つからなかった場所は決して少なくなかった．つまり，北海道，関東地方，三重県や島根県を除き，

本州以南では，産地も個体数も少ないのだ．元々，河畔林の林床や，湖岸，谷斜面脚部，湿った草原などに生育することから，中でも沖積平野の河川後背湿地が生育地の中心だったと考えられる．沖積平野は，人の生活圏であり，河川とその周辺は人の命と財産を守るために，最も改修や改変がなされてきた場所である．和人が開拓に入ってからの歴史が浅い北海道と違い，本州は開発や改変の歴史が長い．関東地方の河川沿いにチョウジソウが残っているのと対照的に，関西地域ではチョウジソウが少なく，後背湿地はことごとく開発が進み，東京に首都が移る以前，関西が長い間，日本の都であったことを今さらながらにチョウジソウの調査に出かけて実感した．

(4) どこから北海道にやって来たのか？

さて，加川君は全国の生育地から集めたサンプルの遺伝子解析を行い，野生集団間の系統関係を考察した．投稿論文になっていないので，ここでは簡単に述べさせていただく．葉緑体DNAによる遺伝子解析結果によると，3つのハプロタイプが存在し，中国地方と九州南部の個体群では2つのハプロタイプが見られ，そのうち先祖型と考えられるタイプが紀伊半島から関東方面に，もうひとつのタイプが九州南部，関西，東北地方，北海道まで分布していた．この結果は，北海道のチョウジソウが自生であることを裏付けている．もし，チョウジソウが北海道に移入されたとすれば，先祖型のタイプが見つかってもいいはずである．

京都大学や鹿児島大学で教授をされた堀田満先生の著書によると，チョウジソウは，最終氷期の寒冷で乾燥した気候の時代に中国東北部から日本に入り，西から北へと分布域を拡大した"満鮮要素"の植物のひとつされる（堀田，1974；"満鮮要素"を提唱したのは，堀田先生の著書では，日本植物分類学会の創立者である小泉源一博士とされ，前田勘次郎著『南肥植物誌』の「前言」に西南日本の植物区系を構成する植物地理学的要素を5つ挙げ，そのうちのひとつとして「満鮮要素」という用語が使用され，なおかつチョウジソウの名も明記されている [小泉，1931]．最近では「満鮮要素」という言葉を「大陸系遺存植物」と呼んでいる [須賀ほか，2012]）．チョウジソウが大陸由来の植物とすれば，九州から中国地方に入ったものが，2つのタイプに分かれて，一方は太平洋側を関東まで，もう一方は日本海側を北上し，

東北地方から北海道まで到達したという伝播経路が考えられる．ただし，チョウジソウの日本以外の分布域を見ると，朝鮮半島では韓国北部のデチョン（大青）島，ヨンピョン（延坪）島，文献情報（『朝鮮森林植物編第5巻』中井猛之進編，1976）で韓国南部の莞島，海南半島，中国では文献情報（Flora of China vol. 16 ; Wu and Raven, 1999）で安徽省，江蘇省とされ，大陸での分布域がだいぶ南にある．さらに，日本での分布情報調査から，長野県や山梨県を含む中央高地では分布が見られなかった（冨士田ほか，2016）．堀田満先生によれば，満鮮要素と呼ばれる植物には，冷温帯あるいは暖温帯系のものがあり，暖温帯系のものは西日本の瀬戸内中心型の分布をし，冷温帯系のものは中央高地の草原などに分布する中部内陸型の分布を示す（堀田，1974）．チョウジソウは大陸由来の植物の中でも，暖温帯系の種で大陸のやや南の地域がルーツの植物であり，朝鮮半島を経て日本に侵入し，さらに分化したのではないだろうか．現在，韓国のサンプルは手に入ったが，中国のサンプルが入手できていない．何とか，中国のサンプルを手に入れ，最新の遺伝子解析をすることで，チョウジソウの伝播経路や変異について知見が得られるであろう．

（5）絶滅のおそれの高い湿生植物の未来

　チョウジソウの研究を通して，絶滅のおそれの高い湿生植物の未来について考えてみた．チョウジソウは，産地が全国にわたり複数存在し，その個体総数も多いことから，すぐに絶滅に至る状態ではないと判断され，環境省は絶滅基準に則し絶滅危惧Ⅱ類（VU）から準絶滅危惧（NT）へとランクを下げた．私たちの調査で大まかではあるが全国のチョウジソウの個体数の概数が出て，その数が意外に多かったことから，このランクダウンがうなずける結果となった．しかし，残存する各県で1か所から数か所しか生育地がなく，北海道のように外来種によって立地が現在進行形で侵略されている状況は，チョウジソウの未来が決して安泰ではないことを示している．

　泥炭地湿原，特に高層湿原内に生育する植物の多くは，ほかの立地では生育できない特異的なものが多い．このような湿生植物は，とにかく湿原自体を減らさない，劣化させない努力によって，守ることができるであろう．しかし，現実には，北海道でさえ多くの湿原が消滅している．一方，チョウジ

ソウのような，河川氾濫原が主な生育地の植物は，河川改修や開発によって，生育地がすでに激減している．さらに堤防の敷設によって，氾濫という攪乱が起きにくくなり，遷移の進行や外来種の繁茂によって，数を減らす危険性が極めて高い．河川の氾濫は，急峻な山国の小さな沖積平野に暮らす私たちにとって，命と財産にかかわる大問題である．河川周辺の微地形とそこに暮らす生き物を守りながら，災害を防ぐ知恵が求められる．

3.4 ハンノキ
——湿地で耐えるための戦略

(1) ハンノキとは

　日本の湿原といえば，尾瀬ヶ原か釧路湿原かというほど，今や有名になったのが北海道東部の釧路湿原である．様々な開発にさらされ，変遷を余儀なくされてきた釧路湿原であるが，現在では日本で最も面積の広い湿原となっている．さらに，1987年にはほかの景観，たとえば山岳景観や湖沼，海岸などを含まず，湿原（湿原内の海跡湖を含む）のみの単独で国立公園に指定されるという快挙も成し遂げた．この釧路湿原を特徴づける景観は，ヨシやスゲ類からなる湿生草本群落とハンノキ湿生林である．ハンノキ林といえば，釧路湿原といっても過言ではない（図3.33）．

　このハンノキであるが，実は私の卒論からのパートナーであり，今でも研究を続けるライフワークの植物のひとつである．以下，『日本樹木誌一』（冨士田，2009）や『水辺林の生態学』（冨士田，2002）で概説したハンノキに関する記述を基に，ハンノキについて説明しながら話を進めよう．

　ハンノキ（*Alnus japonica*）はカバノキ科ハンノキ属の樹木であり，わが国の冷温帯域の湿地林を形成する主要な樹種で，高さ15-20 m，胸高直径30-50 cmに達する高木広葉樹である（図3.34）．日本全土，南千島，サハリン南部，朝鮮，中国東北部，ウスリー，台湾に分布する（伊藤，1989；村井，1962；中国科学院中国植物志編輯委員会，1979）．日本では北海道から沖縄まで分布し，低地から山地帯（0-1300 m）まで分布する．標高の高いところの林分としては，長野県戸隠高原や飯綱，黒姫高原などが知られてい

図 3.33　釧路湿原のハンノキ林.

る．属名の *Alnus* は古いラテン語で「河岸の近く」を意味する．沖積平野の川のそばでごく普通に見られる種であることを，この属名が示している．しかし東北地方以南では，開発とともにこれらの生育適地が失われ，自然の林分は極めて少なくなってしまった．一方，北海道ではごく普通に林分が見られる．アイヌ民族の視点からアイヌ語を研究し著書も多い北海道大学文学部教授を務めた知里真志保先生によると，ハンノキはアイヌ語でサㇽケネ，ニタッケネ，ケネなどと呼ばれる（知里，1976）．「ケネ」は本来ケヤマハンノキを指し，「血の木」という意味で，内皮を湯に浸しておいたり煮立てたりすると，赤色の液が出ることによる．サㇽケネは葦原のハンノキ，ニタッケネは湿地のハンノキの意味である．釧路湿原や道東地域，勇払原野などで見られる，林床にヨシを伴ったやや明るいハンノキ林がサㇽケネの典型であろう．

　ハンノキ属（*Alnus*）の植物は世界で 30 種余りが知られており，北半球の温帯から冷温帯が分布の中心で，中央アメリカから南アメリカの山地にかけても分布している（キュー王立植物園の World checklist of selected plant

3.4 ハンノキ——湿地で耐えるための戦略 113

図 3.34 ハンノキ *Alnus japonica*（イラスト：岐阜大学・津田智准教授）.

families : http://apps.kew.org/wcsp/prepareChecklist.do?checklist=selected_families%40%40198160720161124135 参照）．日本には11種が生育する（伊藤，1989）．いずれも落葉性の高木あるいは低木で，雌雄同株で葉は互生，雄花は尾状花序をなす（図3.34参照）．ハンノキ属の種の多くは，貧栄養で劣悪な条件下でも生育しており，これは空中窒素を固定する根粒菌が根に共生していることと関係している．

（2）どんな場所に湿地林を形成するのか

ハンノキは，地下水位の高い，排水不良の立地に湿地林を形成するのが特徴である．ハンノキ自身は，生理的には過湿な場所から適潤な場所まで広域な土壌水分条件の下で生育することができる．しかし，野外での生育地（生態的な最適地）は冠水あるいは滞水する立地で，土壌は過湿で地下水位が高く，年間の一時期河川の氾濫や融雪水で湛水するような場所となっている（Fujita, 1998）．最も典型的な生育地は沖積平野の氾濫原で，中でも後背湿地部分に広がる沼沢地である（図3.35）．さらに山地帯や台地，丘陵地の開

114　第3章　湿原の植物

図 3.35　後背湿地の沼沢地のハンノキ林．融雪水で湛水している．

析谷の谷底平野面にも，しばしばハンノキ林が成立している．谷底平野とは幅 1-2 km 以下の狭長な谷間の低平地で，表層は未固結の堆積物からなることが多く埋積谷状をなし，地質条件により堆積物は砂礫，砂，泥，泥炭など様々である（門村，1981）．谷底平野の表層を覆う堆積物が，細粒質の粘土やシルト（いわゆる泥），泥炭などの場合はハンノキ林が成立し，堆積物の基質が粗粒質で排水がやや良好な場合は，ハルニレ林やヤチダモ林が成立する．また，湖沼岸の低地，地滑り地や泥流跡地に形成される排水不良な場所にも，ハンノキ林が成立する．

　第 1 章 1.1 節で紹介したように，私の恩師である西口親雄先生が川渡の演習林で連れて行ってくださった場所（田代）は，山地帯の小さな小さな開析谷の谷底平野面のハンノキ，ヤチダモ林だった．そこで西口先生が「昔はこういった林が日本中のあちこちに広がってたわけね．ほとんどが，水田に変えられてしまい消えてしまったけど……．いわばこれは太古の森，日本の低地にはこんな森が広がっていたんです」とおっしゃったのは，湿地林の生育地の中心が沖積平野内の後背湿地部分の排水不良な場所で，それが，人間の

影響が顕著になる前には，全国に広く分布していたので「太古の森」と呼んだのであった（関東以北はハンノキやヤチダモが湿地林の主体であるが，西日本では必ずしもハンノキが主体の湿地林のみではなかったようである）．

日本はユーラシア大陸の東端に位置し，温暖で降水量の多いモンスーン気候下にあるため，様々なタイプの湿地が全国に分布する．山岳地帯の湿原を除くと，低地の湿地の多くは河川下流の沖積平野の氾濫原に広がっていた．沖積平野の成立や氾濫原内の微地形の形成には，河川の働きが強く影響している．上流部にダムが建設され，治水のために河川がショートカットされたり，河道を直線化して護岸工事をすることのなかった時代には，川はたびたび氾濫を起こし，そのたびに上流から礫や砂，泥を沖積平野に運搬してきた．度重なる氾濫や大きな攪乱は，流路をも変える．そして，氾濫原には川の脇に川のサイズに応じた自然堤防が形成され，その後ろ側は，排水が不良な後背湿地となり，細粒質の河川堆積物や泥炭，黒泥などが堆積し，冠水状況や地下水位の高さと変動パターンに応じて，ハンノキ属，トネリコ属の種を主体とする湿生林や，ヨシ原，スゲ属植物を主体とする多様な湿生草本群落，あるいは高層湿原が，混然とモザイク状に広がっていたのだろう．

（3）湿地林内で地下水位を測定

さて，先に述べたようにハンノキとは卒業論文の研究時からの付き合いで，その付き合いは今も続いている．ここで，湿地林を形成する樹種間でのすみわけの話に移るのだが，修士課程から博士課程にかけて，どのような調査研究をやりながら，すみわけについて解明していったのか紹介したい．

東北大学農学部から念願の東北大学大学院理学研究科生物学専攻に移った私は，これで晴れて植物生態学が学べると意気揚々としていた．西口先生と卒論研究で通った川渡の田代とはおさらばして，湿ったところ，地下水位が高く足がとられて動きにくいところではなく，普通の森林や草原で調査をするつもりでいたのだ．ところが，理学部での私の指導教官である菊池多賀夫先生と修士課程の研究課題の相談をすると，「もちろん田代をやるんだよね（つまり，田代で湿地林の研究を続けるのだね）」とおっしゃるではないか！結構ショックだったので，よく覚えている．菊池先生のご提案に，正直，また田代か……と思ったものだ．菊池先生は地形屋さんたちとの研究グループ

「すずめの学校」を結成して，川渡の田代をフィールドに地形と植生の関係を研究され報告を出されていた（牧田ほか，1976；Makita et al., 1979）．当時，菊池先生の地形と植生の関係に関する研究フィールドは丘陵地の斜面微地形と植物群落との関係，マングローブ林が中心になっていた．そんな時に，農学部の土壌学研究室から田代で卒論研究を行ったという変わった女子学生がやって来たのだから，田代で何かやらかしてくれるのではと期待してくださったのかもしれない．私はまたしても田代に通うことになった．

　日本の冷温帯域の湿地林を構成する主要樹木3樹種，ハルニレ，ヤチダモ，ハンノキは，土壌の水分条件に対応して過湿地から適潤地に向かい，ハンノキ林，ヤチダモ林，ハルニレ林の順に配列すると，北海道大学の舘脇操教授や横浜国立大学の宮脇昭教授らによってすでに述べられていた（宮脇，1977；舘脇ほか，1967）．しかし，なぜそのような順番になるのかについて環境要因，特に地下水位を測定した例はなく，実証はなされていなかった．そこで，地下水位を測定して検証することにした．まず菊池先生は，私と手伝いの先輩を連れて田代に行き，平板測量で現地の地図を作成された．次に現地を踏査して植生を群落タイプに区分し，地図を植生図化した．ハンノキ林，ハンノキ・ヤチダモ林は林床植生の違いによって，さらにいくつかのタイプに分けた．そして私は各群落タイプで地下水位の測定にとりかかった．いろいろな報告を参考にして，現地に地下水位測定用の小さな穴の開いた管を埋めることにした．地下水位の高低に対応する長さの異なる塩化ビニール管を用意して，ドリルで側面に小さな穴を多数開け，下から土砂が入らないように管の下端は火で炙り板を押し付けて潰しながら水道水で急冷して閉じた．管を潰すと両側が出っ張るので，糸鋸で三角に切り落とした．基本1か所に3本ずつ，全部で95本の塩化ビニール管を田代に設置した．設置で苦労したのは，上流部に位置するハルニレ林で，マスムーブメント（斜面上の物質［崩積土，土塊や岩塊，岩石など］が重力に起因して下の方に移動する現象）で動いた角礫や砂が堆積しており，塩化ビニール管を設置する前に穴を掘らないと管が設置できないことだった．塩化ビニール管を掛け矢で上から叩くだけでは，埋めることができない．様々な試行の結果，塩化ビニール管と同じ外径の金属棒を用意し，それを掛け矢で叩き入れて，地面に細長い穴を開け，そこに塩化ビニール管を設置することにした．試行錯誤する私を

見かねてか，この金属棒のアイデアを出してくれたのは父であった．設置だけで 4-5 回ほど通ったと記憶する．手伝いが足りなくて，助手の平塚明先生（現・岩手県立大学教授）のほか，父が数回，田代に行ってくれた．私の父は 21 歳の若さで太平洋戦争時に左腕を失い，自分の夢は諦めざるを得なかった．きっと，好きなことをやっている私を応援したかったのだろうし，物を工夫して作成するのが健常者よりもうまく，結構，楽しみながら付き合ってくれた．

　当時，水位は手測りで，ほぼ 2 週間おきに春から初冬まで 2 年間，田代に通った．最初は，発泡スチロールの浮きに目盛りを付けた竹ひごを固定したものを作成し，測定パイプの蓋を開けては中に入れて深さを測定していた．地下水位が低い場所では竹ひごを足すなど，苦労している私を見かねた菊池先生は，水に触れれば電気が流れることを応用した道具を考案して作ってくださった．ホームセンターで現場に埋めたものより細い塩化ビニール管とわに口の線，針金，水道管用のパテ等を購入して，手作りでささっとセンサーを作られた（図 3.36A）．水位測定のパイプ内にこれをそろそろと下げていくと，わに口でつないだテスターの針が触れる．そこが地下水面である．あとは，引き出したセンサーと線の長さを測定し，地上部に出た塩化ビニール管の長さを引き算すれば，地表から浅層地下水位面までの深さがわかる仕掛けである．このセンサーは，修士論文の結果がまとまった後，さらに地下水位面が 1 m 以下になるハルニレ林の地下水位を測定する際も使った．後日談だが，湿原の宝庫である北海道大学に移ってきたら，北海道大学農学部の土地改良研究室で地下水位を測定するのに，菊池先生と同じ発想でセンサーを開発し使っていた．それは，コンパクトな金属のボールペンほどの棒に線がつながったもので，水面に触れると「ブー」と音が鳴るように工夫されていた（図 3.36B）．世の中には同じことを考える人がいるものだと，つくづく感心した．ちなみに，菊池先生が作られたセンサー，職場を移動しながらも後生大事に北海道大学までもってきて，今でも研究室の棚に入っている．

　修士論文の結果がまとまると，さらに通常の地下水位面が 1 m 以下のハルニレ林の地下水位を測定すること，ハンノキ林も含めた典型的な林分の冬季の地下水位を測定することが課題となった．しかし，ハルニレ林に深さ 2 m 近い測定パイプを設置するのは，今までのやり方では不可能だった．菊

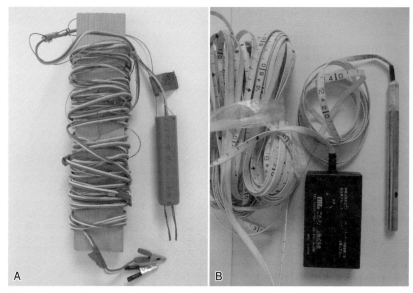

図 3.36 地下水位を測定する道具．A：菊池多賀夫先生作，B：北海道大学農学部土地改良研究室が業者に特注したもの．

図 3.37 ハルニレ林の地下水位測定用の塩化ビニール管を設置するための作業（宮城県鳴子町川渡田代，1982 年 11 月 9 日．中央が菊池多賀夫先生）．

池先生は，地理学教室からボーリング用の掘削機器（元々，何の目的でどこで使ったものか，不覚にも忘れてしまったが……）を探し当てて，借りてこられた．1982年の11月9日，菊池先生と手伝いの学生2人の4人で田代に行き，上流部のハルニレ林内に，塩化ビニール管を設置した（図3.37）．塩化ビニール管は冬季間，雪に埋もれてしまうことのないように地上部部分を長くして，ハルニレの木に上部をひもでくくりつけた．この冬から，スキーやカンジキを履いて，調査地に入り，地下水位を測定した．3月の測定では，積雪が深く，私の前を歩いていた大学院生の津田智さん（現・岐阜大学流域研究センター准教授）が，突然，目の前から消えてビックリした．積雪で見えなくなっていた小河川の上を踏み抜いたのであった．上からのぞくと津田さんの頭だけが見えたので，雪は相当に深かった．

　湿原，湿地林の研究には地下水位の測定は欠かせない．手測りで始まった地下水位の測定は，フロート式の磁気記録計が付いたものとなり，データロガー付きの圧力センサーに代わり，現在はmm単位，秒単位での測定まで可能となっている．測定機器が格段に進歩し，今では，降水や川の氾濫，融雪出水による地下水位の上昇とその減速の様子から，集水状況や湧水の有無といったことまで読み解けるようになった．しかし，何を読み解きたいのか，そのためにはどこに水位計を設置するのがベストなのかを決めるのは，昔と変わらず研究者の経験や勘なのである．どのように対象の生態系を見るか，それは，菊池先生から多くを学んだ．

　田代の谷底は，面積は狭かったが，上流からの堆積物が卓越するハルニレ林が優占する上部，ヤナギやヨシが生える川が網状に氾濫する中流部，ヤチダモやハルニレが見られる小さな自然堤防とハンノキ林が広がる下流部の後背湿地など，沖積河川で見られる地形が，わずか長さ500 m，幅100 m足らずの小さな谷底に凝縮された箱庭のような場所であった．菊池先生が，この谷底を歩きながら，「小さいけれどちゃんと網状河川になっているところもあるんだ，ヤナギが生えているじゃあないか！」と嬉しそうに測量しながらおっしゃっていた言葉の意味を私が理解するには，ずいぶんと長い時間が必要だった．

（4）地下水位の高さと変動パターン

　本題に戻ろう．地下水位の測定からわかったことを説明する．湿地林の中でも，河川の後背湿地など地下水が高く非常に過湿な立地や低位泥炭地では，林分はハンノキのみから構成される．一方，後背湿地の中でもより自然堤防に近い場所にはヤチダモ林が見られ，ハンノキが混在することも多い．ハルニレ林は主に自然堤防上や水はけのよい扇状地に分布し，ハルニレ単独で林を形成することもあるが，より湿性な場所ではハルニレ林にしばしばヤチダモあるいはハンノキも混在する．また，より適潤な環境になるとミズナラ（東北地方だとコナラの場合も見られる）やイタヤカエデ，カツラなどが混じる．このように湿地林を構成する3種は，分布の境界域ではお互いが混在する形をとる．

　菊池先生と田代で地下水位を測定することで，ハルニレ林は平常時の地下水位が地表から1m前後下にあるが，大雨時や融雪期には水位が急上昇するものの，雨がやむと水位が速やかに低下することがわかった．一方，ハンノキ林は平常時でも地下水位が高く，さらに変動幅も小さい．元々水位が高いハンノキ林では雨が降るとさらに地下水位は高くなるのだが，雨がやんで排水される分は元の高さまでなので，地下水位の変動幅は小さいものとなる（Fujita and Kikuchi, 1984）．つまり，水位が上昇した時は，ハンノキ林もハルニレ林も地表あるいはそれ以上まで水が上がってくるが，その後の排水のされ方が違い，速やかに排水されればハルニレは生育できるということである．このことは，ハンノキとハルニレの耐水性の違いが原因だろうと察しがつく．

　わかりやすい図で説明しよう．図3.38は北海道東部の自然河川（上流部にダムがなく，直線化工事も行われていない珍しい河川）である当幌川の後背湿地で測定した地下水位の変動である（冨士田, 2009）．自然堤防上のハルニレ林と河川の水際から45m離れた後背湿地のハンノキ林，さらにその奥，139m離れた場所のヌマガヤ-ミズゴケ群落の地下水位変動を示す．3つの群落の地下水位の変動はまったく異なる．ハルニレ林では地下水位は平均で地表面から86.7cm下にあり，降雨によって上昇するが，その後の低下が速やかなのが特徴である．一方，ハンノキ林では地下水位の平均値が地表

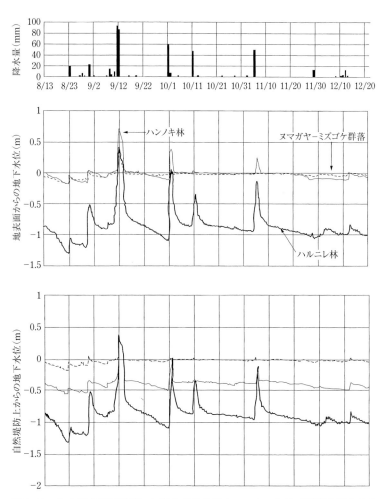

図 3.38 北海道東部当幌川における自然堤防上のハルニレ林（河川水際から 1 m），後背湿地のハンノキ林（水際から 45 m），ヌマガヤ-ミズゴケ群落（水際から 139 m）における地下水位の変動（2001 年）（冨士田，2009 より）．
上図：降水量．中図：各測定地点の地表面を 0 とした場合の地下水位を示す．プラスの値は地表面より上に水位面があることを示し，マイナスの値は地表面より下にある水位面の深さを示す．下図：自然堤防の最高地点を 0 とした場合の各測定地点の地下水位面の相対的な高さを示す．

からわずか 0.2 cm で，地表から 20 cm より下に水位が低下しない．極めて排水不良な立地である．図 3.38 の下図はハルニレ林がある自然堤防の高さを 0 とした場合の 3 つの群落での地下水位変動を示したものである．9 月 12 日の大雨時には，河川が氾濫し，河川水が自然堤防を越えて，後背湿地のハンノキ林まで及んだことがわかる．

　それでは，ヤチダモが生育する場所の地下水位とハンノキ林の地下水位では，どのような点が異なるのだろうか．図 3.39 は同じく当幌川で修士論文調査を行った高田和典君のデータをまとめたものである (Fujita and Fujimura, 2008)．自然堤防上にはハルニレ林が，その背後にはハンノキの混在するヤチダモ林が，さらにその後方にハンノキ林が配列しており，図は測定したハンノキ林とヤチダモとハンノキの混交林の地下水位の変動を示したものである．両者ともに後背湿地に位置するので，地下水位は地表面近くで変動しており，排水不良な場所であることをグラフは示している．ただし，降雨が少なく気温が高く蒸発散量が多い夏季（7 月中旬から 8 月中旬頃）には，地下水位は両者とも日中わずかずつ低下し，約 70 cm 近くまで下がる．2 つの林分の地下水位は同じ変動パターンを示し，ややヤチダモとハンノキの混交林の方の水位が低くなっているが，その差は大きくは見えない．地下水位は一定の時間間隔で測定され，測定のたびにデータロガーに記録される．そこで毎回の測定値を地下水位の深さ別頻度分布にして示したのが図 3.40 である (Fujita and Fujimura, 2008)．図 3.39 では違いが際立たなかったのだが，頻度分布にすると両林分で地表面より地下水位が高くなった割合がまったく異なることがわかる．ハンノキ林では地下水位面が地表面より高くなる頻度が 27.3% と極めて高いが，混交林ではたったの 3.7% にとどまる．さらに地表面より下にある地下水位面の深さの頻度はどちらも高いが，ハンノキ林の方が明らかに地表面に近い位置に地下水位面が存在する頻度が高い．ヤチダモに関しては天然林や人工林での調査から，生育適地は土壌水分が十分に存在する一方で水が停滞しない土地であることが指摘されている（中江，1959；中江ほか，1960, 1961；中江・真鍋，1963；中江・辰巳，1964）．水が停滞すると酸素の供給が悪い還元状態となり，流水など水が動いている場合は酸素の供給がよくなる．長期にわたり冠水する場所では，ヤチダモは生育できない．ハンノキとヤチダモは，いずれもかなり過湿な立地で生育できる

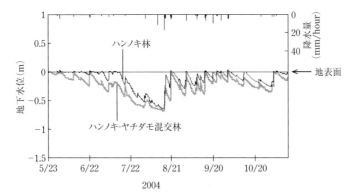

図 3.39 ハンノキとヤチダモの混交林とハンノキ林の地下水位と降雨量の変動（2004 年）（Fujita and Fujimura, 2008 より改変）．

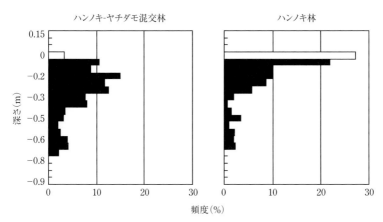

図 3.40 ハンノキとヤチダモの混交林とハンノキ林の地下水位の頻度分布．0 m は地表面を示す．白抜きのバーは地下水位が地表より上にある場合を示す．地下水位は 2004 年 5 月 23 日から 11 月 12 日まで 30 分おきに測定（Fujita and Fujimura, 2008 より改変）．

耐性をもっているが，土壌の還元状態（酸欠状態）というストレスに対する耐性に差があり，地下水位の高さとその頻度分布の違いが，両者が林分を形成する場所が異なる理由となっている．

（5）耐水性戦略

再び『日本樹木誌一』のハンノキの記述（冨士田，2009）から耐水機構について説明しよう．ハンノキやヤチダモのように地下水位が高く，しばしば冠水や滞水するような立地で生活できる樹木は，何らかの耐水機構を備えている．冠水によって地下の根圏は酸素が少ない状態に陥り，土壌は酸化還元電位が低下して還元状態となる．このような状態になると，普通の樹木は酸欠状態になり，根の様々な機能が落ちて，根の成長停止，光合成速度の低下，気孔閉鎖，葉の萎凋，落葉などの不具合が起きる．一方，冠水耐性をもった樹木は様々な方法でこれらの不具合を回避している．鳥取大学の山本福壽教授は耐水性のある樹木の形態や構造の変化を6つの項目に整理している（山本，2002）．ハンノキの場合は，①肥大皮目の発達，②樹皮の肥厚と通気組織の発達，③形成層活動の昂進と地際部の過剰肥大，④不定根の形成，⑤萌芽が当てはまる．

山本教授は，冠水によって起きる様々な樹木の生理的な変化や形態・構造の変化に関与する植物ホルモンを研究されている．山本先生によれば，その役割は複雑で解明されていない課題が多いそうだが，その中で冠水条件下での体内エチレンの急増はよく知られた現象である（山本，2002）．山本先生たちの苗木を用いた冠水実験では，耐水性樹種のハンノキとヤチダモは冠水から1-3日でエチレン生成量が最大となるのに対し，非耐水性樹種のシラカンバでは放出量が極めて少ない上に7日目に最大値をとる（Yamamoto et al., 1995a, 1995b）．さらにハンノキやヤチダモでは幹の過剰肥大や不定根形成などの組織構造の変化が現れるのに対し，シラカンバは形態的変化が少なく，ついには枯死に至ることから，エチレン放出量の増加は冠水に対する形態的，組織構造的な変化の引き金になっていると考えられている（Yamamoto et al., 1995a, 1995b）．またオーキシン濃度の増加も形態や構造の変化に関与しており，ハンノキやヤチダモの水際の幹の過剰肥大にはオーキシンが働いている（山本，2002）．

3.4 ハンノキ——湿地で耐えるための戦略

図 3.41 湛水する立地で多数の不定根を出しているハンノキ.

　冠水によって体内で増えたエチレンやオーキシンがスイッチとなり，ハンノキやヤチダモの苗の地際部では幹の過剰肥大が起こるが，肥大部位では急激な木部細胞数増加，木繊維細胞径の拡大，木繊維細胞壁厚などが起こっており，酸素濃度が低い状態でのガス交換に有効に作用している（Yamamoto *et al*., 1995a, 1995b）．また，ハンノキは滞水環境下で不定根をどんどん形成する（図 3.41；Terazawa and Kikuzawa, 1994；Yamamoto *et al*., 1995a, 1995b；伊藤・清水，1997；長坂，2001）．不定根は冠水によって衰弱あるいは枯死した根に取って代わるだけではなく，通気組織としての機能をもった孔が通常根よりも多く認められ，酸素の拡散的吸収の促進と根圏に生じる有害物質の減少にも働いている（山本，2002）．一方，ハンノキとヤチダモはともに冠水下において速やかなエチレン生成，不定根の形成，皮目の発達，幹の肥大などの反応を示すが，ヤチダモは夏になると，冠水条件下でもこれらの反応を示さなくなる．これは，ハンノキがヤチダモよりも酸素が少ない土壌環境で生育できる理由のひとつと，山本先生は指摘される（山本，

2002).さらにハンノキは冠水や滞水する立地で，根元付近から萌芽を多数出して更新する性質をもっている．萌芽が発生する頻度は土壌が酸欠な場所ほど高く，萌芽の多い株ほど幹のサイズが小さく，世代交代の回転が速くなる（山本，2002）．

　また，湿地林形成樹木の滞水に対する適応メカニズムのひとつとして，還元的な根圏環境に酸素を供給するシステム（pressurized gas transport）が確認されている（Grosse *et al*., 1996, 1998）．このメカニズムは幹が日光の照射による輻射エネルギーを吸収し，幹内と周囲の大気との温度勾配が生じることを利用し，幹内への空気の輸送と内部細胞間隙内での圧形成で，根に向かう空気の流れが発生するもので（Grosse *et al*., 1998），ハンノキもこの機能をもっている（Grosse *et al*., 1993）．

　一方，形態や構造の変化のほかに，冠水による光合成速度の変化や展葉や葉の寿命にも変化が現れる．北海道立林業試験場（現・北海道立総合研究機構林業試験場）の伊藤晶子さんと清水一さんは，樹木が滞水下で生育・生存するためには葉そのものと葉の光合成生産機能の維持が重要と考え，ハンノキとハルニレの1年生苗木を使った滞水実験を行った（伊藤・清水，1997）．伊藤さんらの実験では，ハンノキ苗木の光合成速度は滞水によっていったん低下するが，実験開始から2週間目頃から上昇に転じ16日目には対照区とほぼ同じになる（伊藤・清水，1997）．一方，ハルニレでは低下した光合成速度は滞水処理が終了しても回復しなかった（伊藤・清水，1997）．伊藤さんらは，ハンノキの光合成機能が回復したのは，新たに発生した不定根からの酸素の供給で気孔が開き，光合成蒸散活動が再開したからと推察している（伊藤・清水，1997）．さらに滞水条件下での葉の展開を調べると，ハンノキでは展開葉数が減少するが，ほかの広葉樹で見られるような落葉の促進はなく，むしろ個々の葉の寿命が延び，少ない葉を長期間維持して光合成活動を行うことが報告されており（寺沢ほか，1990；Terazawa and Kikuzawa, 1994；伊藤・清水，1997；長坂，2001），この現象も滞水ストレスに対する適応機構のひとつと考えられる．

　以上のようにハンノキを含む樹木の耐水性に関しては様々な機構が明らかにされているが，実験に用いられているのはいずれも1-2年生の稚樹であり，野外での高木，あるいは樹齢の高い個体がどのように滞水ストレスに適応し

ているのかは解明されていない．今後の課題であろう．

（6）湿地林を構成する樹種のすみわけ

　微地形や地下水位の変動パターン，耐水性の違いなどがわかったところで，ハンノキ，ヤチダモ，ハルニレのすみわけのメカニズムについてまとめてみよう．湿地林が見られる典型的な場所である沖積平野の河川周辺の氾濫原を考えてみる．

　図 3.42 は模式的に湿地林のすみわけの仕組みを示したものである．自然河川は浸食・運搬・堆積の三作用をもっている．雨が降れば，河川には流域の雨水が集まってくるが，大雨の場合は降水に加え，礫や砂，シルトや粘土

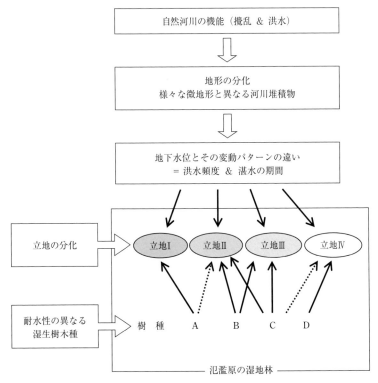

図 3.42 湿地林構成樹種の分布と立地条件の間の因果関係（Fujita and Fujimura, 2008 より改変）．

といった鉱物も川に流入してくる．これらは河川水とともに下流に向かって移動するが，川が氾濫して洪水になると，これらの物質を含んだ濁水が川から溢れて周辺域に広がる．まず川の横に粒径の大きい重い物質が堆積して自然堤防が形成される．さらに後ろ側には，自然堤防で堆積しなかった細粒質のシルトや粘土を含んだ水が流れ込み，流速が遅くなりながらこれらの物質が沈下・堆積していく．この場所が後背湿地である．後背湿地には細かい物質が堆積するので水はけが悪くなる．また，植物が生えていると流入水の速度がそこで遅くなったり，後背湿地内には排水のための小川ができたりするので，後背湿地内には小さな高低差のある様々な微地形が形成される．このような高さと堆積物の異なる場所が形成されると，それぞれの場所で排水の条件が異なり地下水位の高さや変動パターンも違ってくる．河川の運搬，浸食や堆積作用に端を発する，様々な立地が氾濫原内に形成される．そこに耐水性の異なる種，ここではハンノキ，ヤチダモ，ハルニレが，耐水性に応じて生育可能な立地に入り込み，結果的にはすみわけた形となるわけである．

（7）萌芽更新

2枚の写真を見てほしい（図3.43）．上は巨木の森である．幹の脇に人が立っているので，樹が非常に太くて高いことがわかる．一方，下にも，人が写っているが，木の高さは背丈以下でいわゆる灌木状態である．実は，どちらも同じ「ハンノキ」である．

様々なハンノキ林を調査してみると，多くのハンノキ個体が根元から数本の幹を出した形態をとっていることに気づく．さらに根元が地面より高く盛り上がった状態になったその上で数本の幹を出したり，根元から多数の萌芽を出して灌木状になっているものなど，いろいろなタイプがあることに気づく．釧路湿原の温根内川に沿ってハンノキ林の毎木調査を行うと，ハンノキは河川の上流部に位置するものほど樹高が高く萌芽を出している割合が低いが，下流になるほど樹高が低くなり萌芽を出す割合と，その萌芽数も増加する傾向がある（冨士田，2004）．しかも下流の林分では樹高成長に頭打ち（ある一定の樹高になると，年数が経っても樹高があまり高くならない）が見られ，年輪成長も悪い．鳥取大学の山本福壽教授と大学院生の岩永史子さんは釧路湿原での調査で，釧路湿原達古武沼の岸から湿原中心部へ向かって，

図 3.43　上：女満別湿生植物群落のハンノキ林，下：釧路湿原の矮性ハンノキ．

土壌の酸化還元電位と，ハンノキの樹高，直径，萌芽数の変化を調べている（Iwanaga and Yamamoto, 2008）．それによると，ハンノキが萌芽を発生する頻度は，土壌が酸欠になるほど高く，萌芽数の多い個体ほど胸高直径が小さく樹高も低い．さらにハンノキは，還元的な環境（酸欠な環境）では樹高が低く，酸化的な環境では樹高が高い．このようにハンノキの形態や萌芽による世代交代の程度や速度は，冠水や滞水による土壌の酸欠状態や，土壌や水によってもたらされる栄養分の量などと，深く関係していると推察される．

あくまでも推定の域を脱していないが，既存の報告とこれまでの観察結果からハンノキの形態と更新を4タイプにまとめてみた（冨士田，2002）．その4タイプとは高木型，根上がり萌芽型，萌芽低木型，萌芽矮性型である（図3.44）．以下，冨士田（2002）に沿って説明しよう．

まず高木型とは，株は1本あるいは多くても2本ないし3本ほどの幹で構成され，樹高・年輪成長，ともに良好で，時には胸高直径が40cm以上，樹高が20-30mにも及ぶタイプである．高木型のハンノキが成立する立地は，攪乱頻度が低く，土壌あるいは湧水や流水からの栄養塩類の供給が良好である．成長は極めてよく，寿命も長く，最後は倒木するタイプである．このような林分は土地的極相林で，水の供給形態や地下水位などの立地条件が変わらない限り，耐水性の低い樹木による森林は成立できないので，湿地林が継続すると考えられる．高木型の湿地林は，かつては北海道の低地に広く分布していたが開発によってことごとく失われ，今では限られた場所でしか見ることができない．私の勤務する北海道大学植物園とその周辺にも，明治時代以前にはハンノキやヤチダモ，ハルニレなどの巨木からなる湿生林が広がっていた．その証拠に，北海道大学植物園で2004年の台風18号で根がえりしたハンノキは（自生），胸高直径96cm，樹高27mの巨木であった（図3.45）．植物園が地味豊かな豊平川の扇状地上に位置していたことを物語る，まさに生き証人であった．このタイプの林分を調査してみると，林内にはハンノキの後継木が見当たらない．網走湖畔の女満別湿生植物群落では，ハンノキが倒れた後にできたギャップには，ハンノキではなくヤチダモの若木が生育しており，ハンノキがどのように更新するのかは，まだ十分に明らかにできていない．

根上がり萌芽型は明らかにかつて地上部（幹）が折れたり枯死した後に，

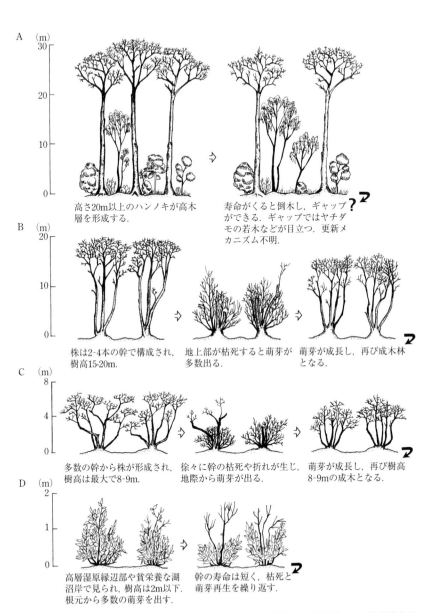

図 3.44 ハンノキ林の更新パターン．A：高木型，B：根上がり萌芽型，C：萌芽低木型，D：萌芽矮性型（冨士田，2002 より）．

図 3.45 北大植物園で 2004 年の台風 18 号で根がえりしたハンノキ.

図 3.46 根元から萌芽を多数出したハンノキ（石狩市生振）．各萌芽には四角いテープが貼られている．

萌芽が成長したもので，2-4本程度の幹から構成され，幹は地表よりもやや高いマウンド状になった部分から伸びている．樹高は12-20mほどになり，成長は良好である．立地は過湿で，融雪期は水位の上昇とともに流水も見られる．丘陵地基部や谷底平野に多いタイプであるが，河川後背湿地でも鉱質土壌が主体で攪乱の程度が弱い場所などで見られる．地上部が何らかの原因で枯死すると萌芽再生し，これを何代も繰り返していると考えられる．このタイプの林分内の幹のサイズはほぼそろっていることが多く，その原因やメカニズムはまだ解明されていない．ミズバショウの項で取り上げた石狩川の河口付近のハンノキ林もこのタイプであるが，最近，ハンノキの枝枯れや幹折れが激しい．ミズバショウの調査を始めて15年目頃，この4，5年でハンノキが弱ってきたと感じた．太い枝が折れて地表に多数散らばっていたり，根元からは多数の細い萌芽が出ていたり（図3.46），萌芽再生の時期が近づいているかもしれない．

　一方，萌芽低木型とは，地下水位が年中高い後背湿地や旧河道跡などの主に低位泥炭地内で見られ，樹高が高くても数mで樹高成長に頭打ちが見られるタイプである．樹高成長に頭打ちが現れると，徐々に幹の枯死あるいは折れが生じる．その後，地際から萌芽が出て成長する．萌芽低木型のハンノキ林は根上がり萌芽型よりも萌芽本数が多く，幹の年齢はほぼそろっている林分と，年齢がばらついている林分がある．幹の齢がほぼそろっている林分では，幹の枯死が何らかの理由でほぼ一斉に起こったと推定される．幹の齢がばらついている林分では，攪乱ではなく生育限界に達した個体の地上部が順次枯死し萌芽再生を行うので，齢がばらつくのではないだろうか．樹高成長に頭打ちが見られ，幹が枯死する理由としては，水位が年中高くかつ栄養塩類の供給も悪く，樹高成長に限界がある，あるいは過剰水に対する生理的対応の限界が考えられるが，この点は解明されていない．

　最後の萌芽矮性型は高層湿原の縁辺部や貧栄養な湖沼の岸辺などで見られるタイプで，樹高は2m以下で，根元から何本もの萌芽を出すタイプである．萌芽の寿命が短く，幹の年齢がそろっていないのが特徴である．年輪成長，樹高成長ともに悪く，樹高が2mを超えることはない．ここでは幹の年齢はそろっていない．ハンノキの成長が阻害されている要因として，貧栄養，特にリン欠乏が示唆される（Fujimura et al., 2008；Negishi, 2008）が，

今後の課題である.

(8) 今,釧路湿原で起きていること

図 3.47 は,北海道開発局釧路開発建設部の「釧路湿原の自然再生」のホームページに載っている釧路湿原の植生の変遷図で (http://www.ks.hkd.mlit.go.jp/kasen/13/),ハンノキの増加に関する図である.これらは空中写真やランドサット画像などを使い,ハンノキ林の分布域の変化を追ったものである.1970 年代,ハンノキは湿原上流部の湿原に流れ込む河川の周りや谷部の湿原などに広がっているが,湿原中央部には,点在する程度だった.ところが,1996 年の図になると湿原内部のあちこちにハンノキ林が形成されている.この急激な景観の変化に対して,釧路湿原の河川環境保全に関する検討委員会は 2001 年に 12 の提言をまとめ,その中で湿原の景観や環境の復元目標を,ラムサール条約湿地に指定された 1980 年当時としている(釧路湿原の河川環境保全に関する提言 http://www.ks.hkd.mlit.go.jp/kasen/kentou/teigen.html).つまり,ハンノキについていえば,現在よりもはるかにハンノキの少ない景観を目指していることになる.どのようにハンノキを減らすのか,実は大問題だ.なぜならば,増加したことには理由があるは

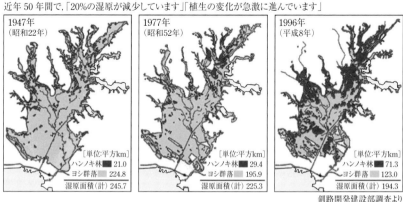

図 3.47 釧路湿原の変遷(総面積,植生分布).
(釧路湿原の自然再生 北海道開発局釧路開発建設部:http://www.ks.hkd.mlit.go.jp/kasen/13/参照)

ずで，その理由と増加の因果関係が必ずしも明らかにされていないからである．自然再生協議会は，湿原流域の土地利用の変化，つまり農地化と，河川の直線化やショートカットなどにより，湿原に大量の土砂が流入するようになったことが，ハンノキに新たな侵入地を提供し成長を増進させたとしている．一方で，釧路湿原での泥炭のボーリング試料（飯塚・瀬尾，1956）は，釧路湿原内で植生の変化がたびたび起こっていることを示している．つまりヨシ優占地がハンノキ林に変わり，そこがまたヨシ原やスゲ原に変わるということが，湿原の中では場所を変え，時を変えて繰り返されてきたことを示している．また，土砂流入によって湿原が乾燥化したと再生協議会やマスコミは簡単にいうが，過去のデータと比較して本当に湿原が乾燥したのだろうか？　もちろん，農地排水路に隣接するようなところでは，地下水位の低下が見られるが，湿原内部はどうであろうか．図3.48，図3.49は，リモートセンシング解析を行う酪農学園大学の金子正美教授の研究室から，私のところの修士課程に入学して研究を行っていた中谷曜子さんが，修士論文で釧路湿原のハンノキの時系列変化を被度と樹高別に解析した結果である（中谷, 2007）．中谷さんによれば，被度の増加が著しいところもあれば，樹高が減少しているところもあり，河川からの距離と因果関係がありそうだということである．しかし，その増減の理由はひとつではないようで，ハンノキ林の増加についてはまだまだ不明な点が多く，解析が必要である．

　仮に因果関係が明らかになったとして，どうやってこの広い釧路湿原の植生を人間がコントロールするのか？　なにせハンノキは適潤から過湿な立地まで生育許容範囲が広く，可塑性の強い植物である．国土交通省北海道開発局では，2年半にわたる水責めによってハンノキを枯死させる実験を行ったが，枯れたハンノキはわずかであった（詳細は第4章4.5節参照）．さらに枯れたと見えた木の根元からは萌芽が出てきている．また，伐採したらどうだろうかという実験も環境省の研究プロジェクトとして行われた．しかし，これもハンノキのもつ性質を考えたら，結果は想像通りである．一時的に伐採によってハンノキの地上部がなくなるが，数年すれば，萌芽によって再生してくるのである．さらに，伐採によって草原状の環境ができた中には，エゾシカの通り道や餌場になってしまった場所もあったそうだ．

　このように，釧路湿原のような広大な湿原の植生を，人が管理するのは困

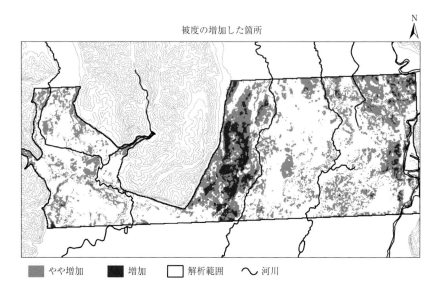

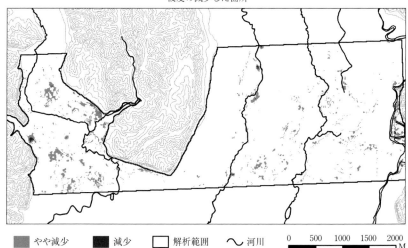

図 3.48 釧路湿原ツルワシナイ川および久著呂川上流部のハンノキ林の被度の時系列変化.増減は1977年と2000年の空中写真を用い,100 m² の円内におけるハンノキの植被を植被なし,低被度,中被度,高被度に区分し比較した.増加,減少は2区分以上の変化があった箇所,やや増加,やや減少は1区分変化があった箇所とする(中谷,2007より).

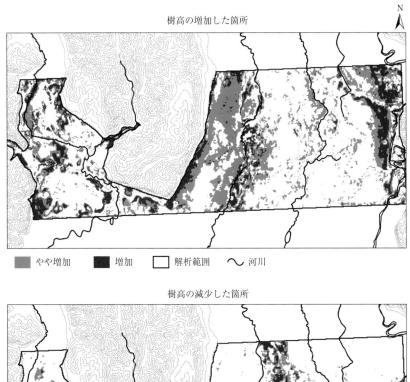

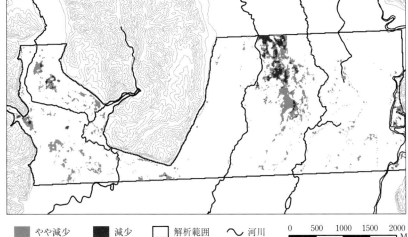

図 3.49 釧路湿原ツルワシナイ川および久著呂川上流部のハンノキ林の樹高の時系列変化．1977 年と 2000 年の空中写真を用い，樹高は解析地が撮影されている異なる 2 枚の空中写真から画像解析ソフトを用いて高さを計測し，0 m（植被なし），2 m 以下，2-4 m，4-8 m，8 m 以上に区分した．増加，減少は 2 区分以上の変化があった箇所，やや増加，やや減少は 1 区分変化があった箇所とする（中谷，2007 より）．

難である．私は釧路湿原自然再生委員会には入っていないが，自然再生委員会の委員となっているサロベツ湿原の方ではササの増加が問題となっている．どちらも，植生を制御することは難しい．何よりも，環境の変化と植生の因果関係の解明が不十分なのである．植生の変化が不可逆的で植物の絶滅などを伴うような場合は，日本生態学会生態系管理専門委員会（2005）の「自然再生事業指針」が述べているように，因果関係の解明途中であっても，何らかの手段をとるべきであるが，はたして釧路湿原が該当例に当たるのであろうか？

地道な調査や科学的な実証を続けることが，不明な点が多いハンノキには最も今，必要なことではないだろうか．

第4章　失われつつある湿原

4.1　湿原の変遷

　北海道の現存湿原については第2章で触れた．北海道には数多くの湿原が残存していると，お感じの読者もおられると思う．しかしながら，現実にはこの100年余りで多くの湿原が消失したり，面積が減少したりした．

　図4.1は，北海道の湿原分布の変化を示したものである．左側は，1928年頃の泥炭地の分布状況を示す．この時代，湿原は「不毛の地」として厄介者扱いされていたので，湿原の分布に関する調査データなど，もちろんない．これは北海道農業試験場が実施した特殊土壌調査事業による土性調査結果（1918-1928年）の中の，泥炭地の分布状況がほぼ湿原分布と一致していると考え，示したものである．当時，農用適地を開拓するに当たり，土性の調査が必要だった．交通事情が極端に悪く，現在のような衛星を利用したリモートセンシング技術もなく情報の少ない時代に，農業試験場の研究者たちは，北海道の未開な湿原の調査を，ほぼ完璧に行っている．その驚くべきパワーと研究センスには，頭が下がる．一方，右図は北海道湿地目録2016（小林・冨士田，投稿中）から作成した現存湿原の分布状況である．1928年頃の北海道の泥炭地面積は，20万624 ha で（北海道開発庁，1963），現存リストから計算した値は5万5076 ha であった．つまり，湿原の残存率は27.5％で，約7割の湿原がこの90年弱の短期間に消滅してしまったことになる．特に，札幌市を含む石狩地方，空知地方などの低地の湿原の減少が著しい．

　表4.1は，北海道湿地目録2016の集計値と北海道開発庁（1963）による昭和3年頃の泥炭地面積を，総合振興局別に示したものである（総合振興局

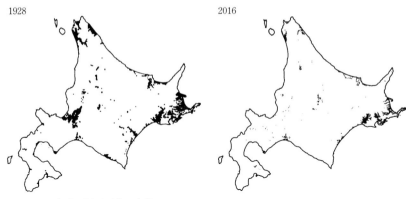

図 4.1 北海道の湿原面積の変化.

表 4.1 北海道支庁（現在は総合振興局または振興局）別湿原面積と残存状況.

支庁名	*昭和 3 年頃の泥炭地面積（ha）	**陸域面積（ha）（2016 年）	減少面積（ha）	減少割合（%）	残存率（%）
宗谷	28,313	8,556	19,757	69.8	30.2
網走	12,582	1,481	11,101	88.2	11.8
根室	10,120	9,551	569	5.6	94.4
釧路	44,204	31,083	13,121	29.7	70.3
十勝	8,095	1,741	6,354	78.5	21.5
上川	10,490	512	9,978	95.1	4.9
空知	29,091	315	28,776	98.9	1.1
留萌	14,484	19	14,465	99.9	0.1
石狩	31,171	149	31,022	99.5	0.5
後志	1,248	46	1,202	96.3	3.7
日高	2,221	34	2,187	98.5	1.5
胆振	2,179	1,497	682	31.3	68.7
檜山	2,475	0	2,475	100.0	0.0
渡島	3,969	91	3,878	97.7	2.3

*北海道未開発泥炭地調査報告（北海道開発庁, 1963）による.
**北海道湿地目録 2016（小林・冨士田, 投稿中）による.
檜山の現存湿原面積が 0 になっているのは，湿原面積 1 ha 以上の湿原が存在しなかったから．

または振興局：北海道を 14 の行政区分したもの．2010 年 3 月末までは支庁という名称であった．支庁にまたがる湿原は，面積の広い方の支庁に含めて計算した）．湿原の残存率に注目すると，釧路・根室地域は，現存湿原面積

が大きく，残存率は釧路が7割，根室が9割を超えており，ほかの地域と比較して著しく高い．一方，留萌，後志，日高，渡島，檜山地域は残存湿原面積がいずれも100 ha 以下で，残存率も4% 以下，1% 以下の地域も少なくない．また，かつて北海道最大の石狩湿原があった場所である札幌の属する石狩は，残存面積が約149 ha で，残存率は1% 以下となる．石狩，留萌，空知，上川などは，現在の北海道の米どころであり，低地の湿原の多くが農耕地へと変わった．一方，根室・釧路地方の湿原開発の程度がこれらの地域に比べ小さかったのは，冷涼な気候のために稲作や換金作物の生産には不適で，湿原の開発は酪農用の草地開発が主であったことによる．これらの事実は，北海道も本州以南同様に，稲作可能な地域の低地の湿原は，ことごとく開発されたことを物語っている．

4.2 なぜ失われつつあるのか――減少の理由と保護状況

（1）湿原面積の推移

表4.2 は，国土地理院発行の旧版および現行の地形図から算出した湿原面積の変遷をまとめたものである．湿原の残存率は高いものでも20% 強で，石狩泥炭地に至っては0.2% と，湿原のほとんどが消滅したことを示している．石狩のみが戦前に泥炭地面積の約7割が開発されている点が，ほかの湿原とは異なる．サロベツ湿原は昭和30年代後半から（冨士田，1997a），十勝地域は昭和30年代から（佐藤ほか，1997），北オホーツクは昭和30年代から特に昭和50年以降（植村，1997），静狩湿原は1950年代後半から（冨士田・橘，1998）開発が急激に進んでいる．これは戦後の国による泥炭地大規模開発によるものである．数千年の時をかけて湿原が形成されたことを考えると，これらの湿原がいかに短時間で破壊されてしまったかがわかる．

（2）湿原の所有形態

それでは，残った湿原はきっちりと守られているだろうか．北海道湿地目録2016 のデータベース上で土地所有情報の収集・整理が難航していることから，ここでは1997 年版の湿原リストの土地所有情報から，湿原をめぐる

表 4.2 国土地理院発行の旧版および現行地形図から算出した湿原面積の推移．宮地・神山，1997；冨士田，1997a；佐藤ほか，1997；植村，1997；冨士田・橘，1998 の解析結果を使用（冨士田，1997b より改変）．

	年	1870	1916	1953	1968	1983
石狩泥炭地	湿原面積（ha）	50,690	14,100	9,441	258	119
	残存率（%）	100.0	27.8	18.6	0.5	0.2
	年	1923	1970	1980	1995	
サロベツ湿原	湿原面積（ha）	13,249	7,361	6,868	2,773	
	残存率（%）	100.0	55.6	51.8	20.9	
	年	1922	1946	1957	1971	1989
十　勝	湿原面積（ha）	8,179	6,992	3,986	1,983	860
	残存率（%）	100.0	85.5	48.7	24.2	10.5
	年	1923	1954	1969	1980	
北オホーツク海岸	湿原面積（ha）	7,554	5,994	4,489	1,589	
	残存率（%）	100.0	79.3	59.4	21.0	
	年	1917	1953	1972	1981	
静狩湿原	湿原面積（ha）	263	221	25	8	
	残存率（%）	100.0	84.0	9.5	3.0	

土地所有形態の問題点について見てみよう（冨士田，1997b，冨士田ほか，1997；Fujita et al., 2009）．

表 4.3 は，湿原の土地所有の状況を面積と個数で表したものである．山地湿原は 923 ha で，北海道の現存湿原面積のたった 1.5% にすぎない（1997年版目録からの計算値）．残りの 98.5% は低地湿原となり，北海道の現存湿原のほとんどが低地に分布している．山地湿原は，国有地が 70.9%，道有地と市町村所有地が 27.7%（ただし道所有地が大部分を占める），ほとんどが国公有地である．一方，低地湿原は，国公有地が 28.1% で，民有地が 71.9% にも上った．さらに民有地とした中には，所有者が不明な土地が半分程度含まれていた．昭和 40 年代の日本列島改造論以降の土地ブームの時期に，湿原を細かいロットに分けて宅地と称して都会の人に売られた土地である．このいわゆる「原野商法」で土地の売買が行われたことが，湿原の保全に大きな壁として立ちふさがっているのだが，その問題については，後ほどお話ししよう．

表 4.3 湿原の面積，湿原個数別土地所有状況（1997 年版湿原目録を基に作成）(Fujita et al., 2009 より).

	土地所有形態	個数	%	面積 (ha)	%
山地湿原	国有地	29	67.4	654.8	70.9
	北海道，市町村所有地	10	23.3	255.2	27.7
	民有地*	3	7.0	13.0	1.4
	国有地と公有地（道市町村所有地）が混在	1	2.3	—	—
	小 計	43	100.0	923.0	100.0
低地湿原	国有地	15	14.0	12802.9	21.7
	北海道，市町村所有地	3	2.8	3766.1	6.4
	民有地	45	42.1	42388.8	71.9
	国有地と公有地（道市町村所有地）が混在	2	1.9	—	—
	国公有地と民有地が混在	42	39.2	—	—
	小 計	107	100.0	58957.8	100.0
合 計		150		59880.8	

*民有地には所有者不明の土地も含む．

　湿原の土地所有を湿原の個数で見てみると（表 4.3），山地湿原は国有地のみからなる湿原が 67.4%，公有地 23.3%，国有地や公有地からなるものが 2.3% となり，多くの湿原が国や地方公共団体の所有であるのが特色である．一方，低地湿原では，湿原が国や地方公共団体の所有になっているものが 16.8% と少ない上に，39.2% が国公有地と民有地が混在したものとなっていた．民有地が混在するということは，国公有地部分をいくら保護しても，民有地（所有者不明地部分も含む）は開発される危険性が高いことを示している．湿原は流域を含めた全体が，ひとつの生き物のように水収支等のバランスがとられて成立しているので，一部を残しても一部で開発行為が行われれば，必ず残った湿原がその影響を受けるのである．

（3）湿原の保護状況

　表 4.4 は，湿原の自然公園指定状況を，湿原の個数および面積でまとめたものである（小林・冨士田，投稿中より作成）．湿原の個数のまとめの方は，湿原によっては，天然記念物，国立公園，鳥獣保護区といったように二重三重の保護指定を受けている湿原もある．ここでは，国立，国定，道立の自然公園指定について着目することにする（自然公園以外の指定状況については

表 4.4 北海道の湿原の自然公園指定状況（小林・冨士田，投稿中より作成）．

	公園タイプ	湿原数	割合(%)	陸域面積(ha)	割合(%)	水面面積(ha)	割合(%)
山地湿地	国立公園	37	61.7	583.4	68.7	110.8	98.9
	国定公園	9	15.0	173.9	20.5	0.0	0.0
	道立公園	4	6.7	8.1	0.9	0.0	0.0
	指定なし	10	16.7	83.5	9.8	1.3	1.1
	山地 小計	60	100.0	848.9	100.0	112.1	100.0
低地湿地	国立公園	6	5.0	21,077.8	38.9	1,747.1	3.8
	国定公園	8	6.7	1,060.8	2.0	26,216.4	57.6
	道立公園	22	18.5	7,062.4	13.0	14,237.5	31.3
	指定なし	83	69.7	25,025.8	46.2	3,302.0	7.3
	低地 小計	119	100.0	54,226.7	100.0	45,502.9	100.0
総計		179		55,075.6		45,615.0	

表 2.1 の保護制度の指定状況の欄を参照）．表 4.4 の湿原個数は，表 2.1 と同様に湿原全域の 10% 以上が指定区域である場合を一湿原としてカウントした．

　湿原個数で見てみると，山地湿原では国立公園指定が 61.7%，国定公園が 15.0%，道立自然公園が 6.7% と，自然公園に指定されているものが全体の約 8 割に上った．一方，低地湿原では，国立公園指定が 5.0%，国定公園が 6.7%，道立自然公園が 18.5% で，自然公園の指定のない湿原が 69.7% にも上った．

　自然公園の指定状況を面積から見てみると（以下，1 ha 以上の水面を除いた陸域湿原面積に着目する），山地湿原では約 9 割が自然公園の指定範囲に含まれる．それに対して低地湿原では，指定面積は約半分にとどまる．

　さらに，保護制度の中で最も効力の高い自然公園の指定は，山地湿原は全域が公園区域内に含まれるケースが多いが，低地湿原ではほとんどが湿原域の一部の指定となっている．たとえ指定地の隣接部分が湿原であっても，開発等に対する法的規制はなく，湿原の減少や隣接地の環境悪化を黙認せざるを得ないのが現状である．

　最近，新・生物多様性国家戦略など，自然環境の保護に関して追い風が吹き始めた．この機会に全国の湿原の保護状況や公園範囲を見直し，積極的に

指定地域を増やす努力を続けていただきたい．
　それでは次に，失われつつある湿原の現状について具体的に見てみよう．

4.3　静狩湿原

　道南の長万部町の太平洋に面した一角に，静狩湿原は位置する（図4.2）．一方，霧多布湿原は，静狩湿原から東へ直線で約380 km離れた道東の浜中町の太平洋岸に位置する（図4.2）．霧多布湿原は一部が国の天然記念物に指定され厳重な保護下にあり，近年は「花の湿原」として全国的にも有名である．霧多布湿原ファンクラブ（現・NPO法人霧多布湿原ナショナルトラスト）によって先進的な湿原保護が行われ，町を挙げて保全と利活用に取り組んでいる．一方の静狩湿原は，今ではひっそりと開発を逃れた一部の湿原が，乾燥化による荒廃を受けながら辛うじて残存している．この対照的な2つの湿原が，実は1922年という，極めて早い時期に同時に国の天然記念物に指定されたことを知る人は少ない．静狩湿原のみが，1951年3月に天然記念物の指定解除となり，農地開発が行われた．何がこの2つの湿原の明暗を分けたのだろうか……．

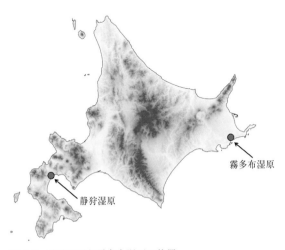

図 4.2　静狩湿原と霧多布湿原の位置．

（1）静狩湿原の現状

　長万部町に農地開発と排水の影響で，植生が荒廃した湿原があるということを聞き，私たちが出かけたのは，1994年の6月のことであった．静狩湿原は長万部から静狩にかけての太平洋に面した海岸砂丘と段丘との間に発達した湿原である．海岸よりに幅 50-150 m，高さ 2-6 m の砂丘が 2-3 列あり，その内側の海抜 3-10 m の低地に高位，中位，低位の泥炭地が分布している（久保田ほか，1983）．湿原はかつて，この一帯に長さ 4.5 km（低位泥炭地まで含むと 6.5-7 km），幅 1.5 km で広がっていたが，農地への転換によりほとんどが消滅してしまった．

　地形図，空中写真を手にし，残存湿原がある場所に向かう．かつての湿原は，広大な農地となり農道，排水路が走る．ここに湿原が広がっていたとは想像もできない．目指す場所に着いたが，排水路に囲まれた場所には湿原らしいものが見当たらない．中に入ってみることにした．ヨシやヌマガヤ，ハイイヌツゲ，ヤマウルシの藪になっている．なおも進むと，視界が開け，池塘が点々と見えた．池塘にはエゾヒツジグサやジュンサイなどの水生植物が，水深の浅いところにはカキツバタ，ミツガシワ，ホタルイなどが生育している．池塘の周囲には，ヌマガヤ，ハイイヌツゲ，サワギキョウ，ヤチヤナギ，ホロムイスゲ，ツルコケモモ，カラフトイソツツジ，ホロムイツツジなどが残っている．やや低い，シュレンケのような場所にはミカヅキグサ，オオイヌノハナヒゲ，ミツガシワ，カキツバタなどがあった．よく見ると，ヤチスギランやムラサキミミカキグサもある．湿原の役者は，結構残っているではないか．しかし待てよ．何かおかしい……．ミズゴケがほとんどないのである．それも不自然にないのだ．泥炭が剥き出しになったところには，上記の植物のほかモウセンゴケが多数生育していた．単純な水位低下による湿原荒廃の場合，これだけの高層湿原構成植物が残っていれば，ミズゴケも残っているはずである．私たちの疑問は，長万部町の教育委員会の方の説明で解けた．残存湿原部分のミズゴケは大規模に盗掘されていたのだ．

　かつて国指定天然記念物であった静狩湿原の悲惨な状況を目の当たりにして，私は，まず天然記念物にどのような観点で指定され，それがどんな理由で解除され，現状のようなありさまとなったのかを，調べることにした．

（2）指定当時の静狩湿原

　国の天然記念物とは，現行の文化財保護法第1章第2条の中で，「貝づか，古墳，都城跡，城跡，旧宅その他の遺跡で我が国にとって歴史上又は学術上価値の高いもの，庭園，橋梁（きょうりょう），峡谷，海浜，山岳その他の名勝地で我が国にとって芸術上又は観賞上価値の高いもの並びに動物（生息地，繁殖地及び渡来地を含む．），植物（自生地を含む．）及び地質鉱物（特異な自然の現象の生じている土地を含む．）で我が国にとって学術上価値の高いもの（以下「記念物」という．）」とされ，この理念に基づいて指定される．古くは1919年に「史蹟名勝天然記念物保存法」が制定され，わが国の天然記念物の保護行政が開始された．

　静狩湿原と霧多布湿原がどのような観点で国指定の天然記念物になったのかは，当時の内務省が発行している天然記念物調査報告植物之部第5輯で，後に東北大学の植物生態学講座教授で日本生態学会初代会長となった吉井義次先生と後に台北帝国大学教授となった北海道大学の工藤祐舜先生が述べている（吉井・工藤，1926）．両湿原とも泥炭形成植物群落ということで指定されている．2人によれば静狩湿原を「他に類をみないミズゴケ泥炭地の範型」として位置づけている．特にミズゴケの生育が旺盛で泥炭地特有の植物種数が多いこと，浮島のある池塘群を配し，優れた湿原景観を有することなどを特徴として挙げ，学術的に天然記念物としての価値が非常に高いと述べている．また当時，すでに幌向，篠津などの石狩泥炭地の主要な高層湿原で開発が進展し，湿原生態系の原形が失われつつあることを例示し，静狩湿原の重要性を強調し，現状変更についても強く戒めている（吉井・工藤，1926）．

　北海道南部の海岸に位置する低地の湿原で，浮島を有する池塘群がある湿原とは，いったいどんなものだったのだろうと，本書を読んだ私は想像をめぐらせた．現在，浮島が点在する池塘群は，低地の湿原ではなく，尾瀬ヶ原や雨竜沼湿原などの山岳地域の湿原で見ることができる．報告書には土性図が添付されており，それによってある程度は想像ができたのだが，なにせ類似の低地にある湿原を見たことがない．そこで，札幌の合同庁舎内の国土地理院に空中写真を調べに出かけた．国土地理院は，戦後間もなく撮影された

米軍の写真をもっている．米軍の写真は，印画紙に焼き付けられたもののほかに，パソコン上で画像として見ることができた．湿原の最も海よりの砂丘間の部分に，湿原内を流下する河川が集まって，ひとつの大きな河状の細長い沼を形成している部分がある．その部分をパソコンの画面上でズームアップすると，沼の中にたくさんの浮島が点在している様子が現れた．私は思わず画面に釘付けになった（図 4.3）．さらに湿原の中心部分にカーソルを移してみると，高層湿原内のあちこちにたくさんの池塘が点在している．なんと素晴らしい湿原なのだろう！　と同時に，時勢とはいえ，なぜこれほどの素晴らしい湿原（自然環境も国の財産ではないか！）を開発してしまったのかと，怒りがこみ上げてきた．

　さらに資料を探していくと，北海道大学農学部植物学教室の教授であった舘脇操先生の卒業論文が静狩湿原をフィールドに書かれていることがわかった．農学部で現物が見つからなかった私に，地球環境研究科の伊藤浩司教授が，コピーを送ってくださった．それは英文で書かれたもので，学部4年生であった当時の舘脇先生の植物学に対する意気込みが感じられるものであった（Tatewaki, 1924, 未公刊）．さらに，近年になり北海道大学附属図書館に所蔵されていたガラス乾板のデジタル化によって，その中に天然記念物指定当時（乾板に関するリストによると主に1922年，1923年に撮影されている）の静狩湿原の写真が混じっていることが明らかになった（図 4.4）．

　これらを総合して判断すると，静狩湿原とはわが国の低地で高位泥炭地が形成される南限に位置する，学術的にも極めて貴重な湿原であった．湿原の起源は海岸に形成された海岸平野であり，海岸側には数列の砂丘が帯状に延びる．湿原はこの平野の形成とともに形づくられ，排水がされにくい地形に加え，静狩川やオタモイ川などの複数の河川が流入し，段丘と湿原の境界付近や湿原内には湧水もあったと想像され，水の供給が十分な場所であった．また，太平洋に面したこの一帯は，晩春から夏によく霧が発生するため，気温が低い日も多い．このような地形的・気候的条件により，湿原中央部には多数の池塘を有するミズゴケがマット状に発達する高層湿原が成立していた．舘脇操先生の卒業論文（Tatewaki, 1924）によると，高層湿原では高位泥炭地特有の植物，トキソウ，コアニチドリ，コバノトンボソウ，ヤチスギラン，ホロムイソウ，ヤチスゲ，ワタスゲ，エゾホシクサなどの現在では数が減っ

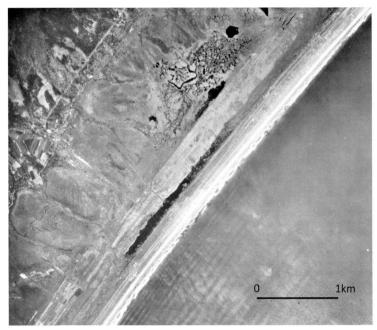

図 4.3 大規模開発以前の静狩湿原（米軍撮影の空中写真［1947 年撮影］を掲載）.

図 4.4 静狩湿原の昔の様子（北海道大学附属図書館蔵）. A：浮島が点在（1923 年 8 月 16 日 m. Konishi Photo）.

図 4.4　B：チョウジソウ群落（1922 年 7 月）．

図 4.4　C：コアニチドリとトキソウ（1922 年 7 月）．

図 4.4 D：池塘群（1923 年 5 月 26 日）．

図 4.4 E：浮島の群落（1922 年 10 月．乾版の包紙記載は［十月．一九二二］となっているが，10 月は誤記と思われる）．

てしまった貴重な植物が多数生育していた．池塘や砂丘間の大型の湖沼では浮島が見られ，それらはミズゴケが主体で，その中にガンコウラン，ホロムイイチゴ，ヤチスゲ，ヤマドリゼンマイ，ヤチスギラン，サワラン，コアニチドリ，トキソウ，モウセンゴケなどが生育していた（図4.4E）．さらに，池塘は，エゾヒツジグサ，ジュンサイ，ヒルムシロ類など水生植物の宝庫であった．河川の周辺には湿地林やヨシ原などの低層湿原が，高位泥炭地の周辺には，ヌマガヤやエゾカンゾウなどが優占する中間湿原が広がっていた．さらに海岸側の砂丘には，海岸草原が広がり，多種多様な草本植物が生育していた．このように，静狩湿原は極めて多彩で多様な植生・植物が展開する天然記念物にふさわしい湿原だった．

（3）天然記念物の指定解除の経緯

指定の解除に関する公的文書や経緯等に関する書類は，現在残っていない．文化庁にも道庁にも，長万部町にも何も残っていなかった．天然記念物事典の中で品田穣氏は，静狩湿原は太平洋戦争時の食料増産のための緊急開拓の犠牲となった（品田，1971）と記しているが，詳細は書かれていない．長万部町史（1977）からは，戦後の食料増産と引揚者のための開拓地の提供という国の政策の中で，町民の悲願であった静狩湿原の開発が具体的な長万部町の大事業に発展していった様子が読み取れる．指定解除になる前年の1950年から，開発の具体化のために関係各機関との折衝が始まり，12月には静狩湿原への入植受け付けも開始される．町史にはこの解除が取りざたされた1950年4月に，舘脇操教授が道教育委員会の職員とともに現地を視察し，全面的な解除は問題であるといった発言をしたというくだりがあるのだが，その時の視察資料は文化庁にも道庁にも残っていなかった．

昭和20年代から始まった北海道開発の国策の中で，この類いまれな景観をもった静狩湿原も他地域同様に，泥炭地開発事業の振興が優先され，天然記念物としての学術的価値が十分に評価されないまま，指定解除され開発されてしまった．

霧多布湿原が現在でも天然記念物として厳重な保護下にあるのに対し，静狩湿原が湿原自体の荒廃等が起こっていないにもかかわらず指定解除に追い込まれた理由として，私たちは以下の点を挙げた（冨士田・橘，1998）．第

一に静狩湿原は元々すべてが民有地であった．霧多布湿原も一部が民有地ではあるが，天然記念物指定地域の多くは国有地であった．第二に，静狩湿原は道東の霧多布湿原とは異なり，作物が生育できる気候条件下にあったために，天然記念物指定時にすでに一部が農地に転換されていた．つまり指定当時から湿原は，常に開発の危険性と背中合わせだったのだ．第三は，湿原の農地化は古くからの地元民の志向であり，それが戦後の世相や政策と合致したことである．この場合，開拓による十分な経済効果が見込まれることが必要条件で，霧多布湿原を含む人口密度の低く冷涼な道東の湿原は，この点でも開発対象としての優先順位が低かったのであろう．

　一方，私たちはこの3点を挙げたが，最近になって解除に至った最初の理由が別にあることを，黒松内町職員で歌才湿原の保全に尽力されている高橋興世氏から教えていただいた．高橋さんに紹介していただいたのは，北海道の金鉱山史を研究されている旭川大学経済学部教授の浅田政広氏による文献であった．なんと，静狩湿原の天然記念物指定解除には金山が関係していたのだ．以下，浅田先生（浅田，1987）によると，国鉄室蘭本線静狩駅の北方約1 kmの場所に「静狩金山」があり，1916年頃から開発され，太平洋戦争への突入による金政策の転換により1943年に閉山を迎えた（戦後，二度の再開が試みられたが，1962年に閉山）．1920年からの累年総産金量は約6242 kgで，全国第19位，戦前の総産金量は全国第9位だったそうである．この静狩金山で鉱毒問題が勃発する．鉱山廃水中の青酸塩によって魚介類の斃死が頻繁に起こっていたが，根本的な解決はなされなかった．そして1938年の製錬所拡張後，静狩湿原の一部約170町歩が「鉱毒沈澄池」，鉱滓捨場として狙われ，1938年11月の長万部村議会では静狩湿原の天然記念物指定を解除し，鉱山に貸与するための「国有未開発地売払出願」と「天然記念物保存の解除出願」が議題となり，3日間の議論の末，波乱含みの中で可決されたそうである．また，金山側も道庁や文部省に陳情を続け，ついに1940年1月22日付で，静狩湿原の172町歩余りは天然記念物指定を解除された．その時，長万部村は鉱滓捨場として静狩金山に湿原の一部を貸与し，合わせて埋立地を牧畜に利用する計画を立てていた．しかしながら，1942年になっても鉱滓捨場として使用されることはなかった．つまり天然記念物の指定解除はされたものの，条例のしばりで50町歩の使用に限られ，さら

に許可された場所はズブズブの谷地で，沈殿池構築にはまったく不向きな場所で建設ができなかった．公には天然記念物解除は1951年3月となっているが，実は別の思惑で戦前から一部の解除がなされていたのだ．結局，湿原は金山の毒物入りの鉱滓捨場にならずにすんだのだが，戦後の農地開発によって全面指定解除となり，消されてしまったのだ．

（4）指定解除後の静狩湿原の縮小と劣化

戦後，天然記念物指定の全面解除がなされたその後の静狩湿原については，私と橘先生が現存植生調査と国土地理院発行の旧版地形図を利用して変遷を追った（冨士田・橘，1998）．1896年製版の最も古い地形図では，地形測量が不完全で，さらに踏査できない部分はすべて湿原に区分された可能性が高い．この時代の北海道の地図は，静狩以外でも同様の表記のものが多い．したがって，湿原面積は過大評価の可能性が高いが，計算すると988 haとなる．1917年測図の地図では，湿原マーク部分は263 haとなり，この状態が吉井先生と工藤先生が国の天然記念物指定のために調査された当時の湿原の状態であったと推察される．2枚の地形図を比較すると，少なくとも1917年に農地になっている海岸平野の北東端，南西部，湿原上流部の丘陵地付近は，湿原が農地に転換された場所で，また海岸部と丘陵地際でそれぞれ道路建設が進み，湿原周辺の開発が進んだことが読み取れる．私たちは計12版の地形図を検討し，その後の湿原面積の減少過程を追った．現在では残念ながら，湿原植生がなくなり原野状態の場所も含めて湿原は約30 ha程度である．まさに風前の灯状態なのだが，静狩湿原は日本の湿原の中でも低地に高層湿原が形成される南限に当たり，学術的にも非常に重要である．加えて湿原面積が減って出現する湿地性植物の種数が少なくなったとはいえ，湿原特有の植物が残存している．しかし保全には，残存湿原が原野商法で売られた多数の地権者がもつ民有地であるという壁がある．何か機会があるたびに，静狩湿原の保全を訴えてきたがうまくいかない．結局，その後，静狩湿原で調査をすることはなかった．

ところが，2011年秋に韓国から日本で湿原の研究をしたいと大学院受験のためにひとりの女子学生が研究室にやって来た．イ・アヨンさんである．ちょうど彼女が大学院に入学して研究を始める前年から，九州大学の矢原徹

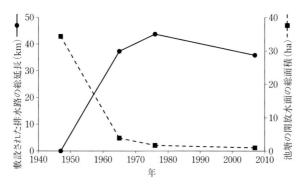

図 4.5 静狩湿原内の池塘開放水面面積と排水路の総延長の時系列変化 (Lee et al., in press より).

　一教授がプロジェクトリーダーを務める環境省の環境研究総合推進費戦略課題 S-9「アジア規模での生物多様性観測・評価・予測に関する総合的研究」が始まり，その中の陸水生態系領域（代表者は国立環境研究所の髙村典子博士）の仲間に私は入れていただいた．湿地の生物多様性を，植物を指標に評価し，どのような駆動因により湿地の劣化は進むのか，劣化とともに湿地の多様性はどのように低下していくのか，などの課題を明らかにするプロジェクトである．翌春から，イさんはこのプロジェクトの一環として静狩湿原をフィールドに研究を始めた．開発前後のフロラを比較することで湿原植物の変化をとらえる．空中写真の時系列解析から池塘の消滅と排水路掘削の関係を明らかにし，池塘の干上がりとともに池塘植生はどのように遷移するのか，排水路と地下水位の関係はどのようになっているのかなどを解明するのだ．

　図 4.5 はイさんが空中写真の判読から解析した，静狩湿原の池塘の開放水面の面積と敷設された排水路の総延長の関係である (Lee et al., in press)．1951 年（天然記念物指定解除の年）から 1965 年の間に，現在の排水路の約 85% が掘削され，池塘開水面の 89% が消失している．さらに 1970 年代までに，大部分の排水路が掘削され，池塘開水面の約 95% が消失した．その後は排水路が増設されないにもかかわらず，池塘開水面は徐々に減っていく．この結果から，排水路は隣接する湿原からの排水だけではなく，排水路から離れた場所にある池塘や湿原にも累積的な排水効果や影響を与えることが明

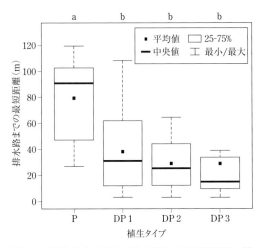

図 4.6 植生タイプごとの排水路までの最短距離．植生タイプは池塘と池塘跡地での植生調査から区分．P から DP3 に向かって排水による二次遷移がより進行している．P：ヒツジグサ-ミツガシワ群落（残存する水生植物群落），DP1：ミツガシワ-ミカヅキグサ群落，DP2：ミカヅキグサ-ヌマガヤ群落，DP3：ヌマガヤ-ミヤマアキノキリンソウ群落（Lee *et al.*, in press より）．

らかになった．イさんの池塘と池塘跡地での植生調査結果の検討により，静狩湿原の池塘と池塘跡地の植生は4つの植生タイプに区分され，水生植物群落であるヒツジグサ-ミツガシワ群落から，ミツガシワ-ミカヅキグサ群落に変化し，続いてミカヅキグサ-ヌマガヤ群落，ヌマガヤ-ミヤマアキノキリンソウ群落の順に遷移していくことが明らかになった（Lee *et al.*, in press）．乾燥化が進行することで，湿潤な環境を好む水生および湿原植物から適潤地を好む湿原および非湿原植物へ出現植物は変わっていく．

図4.6は池塘と池塘跡地の植生調査の各地点ごとに最短の排水路までの距離を算出し，植生タイプと排水路までの最短距離の関係を見たものである（Lee *et al.*, in press）．図のPは残存する池塘の植物群落で，DP1→DP2→DP3と進むほど，池塘から水が抜けて植生が遷移していることを示している．そしてそれぞれの植生タイプから排水路までの最短距離を見ると，良好

な池塘植生が残存する場所は排水路から遠く，排水路に近いほど植生の退行が進行している．また，排水効果は排水路から20m以内で一番大きく効き，それ以上離れていたとしても排水の累積効果によって地下水位も植生も変化していくことが明らかになった．排水路が掘削されると，湿原を潤す水が排水され，地下水位が低下し，水位が低下すると乾燥化が進み，泥炭の乾燥化と分解も進み地盤沈下も起こる．そして地下水位が低下すれば，もちろん池塘から水はなくなるし，湿性な環境に適応している植物も消えていくのである．

イさんとはフロラの調査も行っており，舘脇先生の卒業論文のフロラリスト（開発が行われる以前）と現在のフロラを比較することで，静狩湿原では開発の前後で，湿地性の植物種数が減少し，非湿地性のイネ科・キク科の植物の増加と外来植物の侵入が確認され，湿地性の植物の多様性が低下したことが明らかになった（Lee *et al.*, 2016）．特に，湿原の劣化に伴い，過湿で貧栄養な立地環境に適応している湿地性のカヤツリグサ科スゲ属の植物の多くが姿を消すことがわかった（Lee *et al.*, 2016）．

現在，開発された湿原のかなりの部分は放棄農地となってしまい，活用されていない．今後，この付近を北海道新幹線が通ることになり，早晩工事も始まるだろう．かつて，ここにはいい尽くせないほど素晴らしい湿原が広がっていたと思うと，言葉にならないほど寂しさを感じる．今さら何をいっても仕方がないのだが，もし静狩湿原が天然記念物指定当時の姿で残っていたなら，長万部町民にもたらされた誇りと経済効果は計り知れなかったであろう．間違いなく，尾瀬ヶ原や釧路湿原並みに，いやそれ以上に人々を惹き付けたに違いない．新幹線に乗ってきて長万部駅に降り立てば，労せずして簡単に無数の池塘や浮島がある高層湿原やエゾカンゾウやワタスゲの咲き乱れる中間湿原を散策することができたであろう．日本で一番，簡単に，広大で美しい高層湿原を見ることができる場所になっていただろう……．静狩金山に沸き，食料増産と開拓にかけて人々が入植した当時の活気は，いま静狩にはない．

4.4 石狩泥炭地

(1) 石狩泥炭地の変遷

　私の研究室は北海道大学の植物園管理棟の2階にある．部屋からは植物園のハルニレや芝生が見え，来客者からは「いい環境のところで研究されて，うらやましいです」とほめられる．植物園は，石狩川とその支流が形成した沖積平野，石狩平野に位置している．その中でも石狩川の支流である豊平川の扇状地の扇端部にあるため，かつては泉（アイヌ語でメムという）が園内数か所でこんこんと湧いていたそうだ．園内では北海道の低地にかつて広く成立していたハルニレやヤチダモ，ハンノキ，ドロノキ，イタヤカエデなどの巨木からなる広葉樹林の名残の林を見ることができる．北大植物園や北大キャンパスは，このような広葉樹の巨木林が広がっていた扇状地上に所在するが，さらに下流域では，河川の沖積作用で形成された泥炭地が卓越する．札幌市とその近隣の市町村には，この泥炭地が広く分布し，これらの泥炭分布域は石狩泥炭地と呼ばれている．石狩泥炭地はひとつの大きな湿原ではなく，石狩川支流の後背地ごとに独立に発達した複数の泥炭地湿原の集合体で，それを石狩泥炭地と呼んでいる（形成過程等は第2章2.4節（1）項参照）．石狩泥炭地の面積は，開発以前は5万5000 ha（北海道開発庁，1963）といわれ，わが国最大の泥炭地湿原であった（図4.7）．

　北海道の湿原の多くが，戦後の政策的開発によって次々と失われたことは，4.1節，4.2節で述べたが，石狩泥炭地も例外ではない．むしろ北海道の湿原の中では，最も早い時期に開拓の歴史とともに開発が進んだ，特異的な泥炭地である．これは，北海道の入植がこの石狩平野を中心に発展していったことからも明らかである．そして，稲作可能な天候に恵まれた地域であったこと，入植および北海道の中心地である札幌市とその周辺域であったことも重なり，石狩泥炭地はことごとく開発され，北海道農業試験場（現・国立研究開発法人農業・食品産業技術総合研究機構北海道農業研究センター）にいらした宮地直道さんと神山和則さん（現・国立研究開発法人農業・食品産業技術総合研究機構農業環境変動研究センター総合評価ユニット長）の解析によれば，残った湿原の面積は元の0.2%にすぎない（宮地・神山，1997）．洪

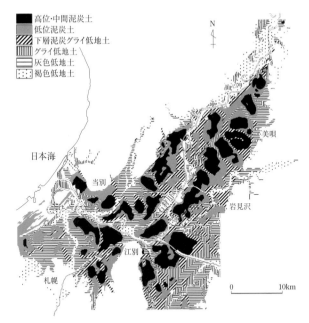

図 4.7 石狩泥炭地の土壌図．瀬尾ほか（1965），音羽ほか（1978）を編集し宮地・神山が作成（宮地・神山，1997 より）．

水を繰り返す大河「石狩川」の流域の広大な湿原開発は，本庄睦男の小説『石狩川』などにも書かれているように，困難を極めた命がけの戦いであった．沖積平野の開発は，また，治水の歴史でもあり，全長 268 km の北海道最長の河川である石狩川下流域での開発は，まさに人間の英知を結集した排水と治水の賜物であった．

図 4.8 は，宮地さんと神山さんが作成した石狩泥炭地の土地利用の変遷図である．石狩泥炭地はその大半が農用地として開発され，今では北海道の主要水田地帯となっている（宮地・神山，1997）．以下，北海道大学農学部名誉教授の佐久間敏雄先生の報告（佐久間，1991）も加え，宮地さんと神山さんがまとめた石狩泥炭地の変遷の部分を，宮地・神山（1997）より引用させていただく．入植は 1870 年代に始まり，本格的な開発は 1890 年から 1900 年になってから進んだ．開発の初期には畑作・酪農混合型の農業政策が進められたこともあり，大麦，小麦，大豆，小豆，ソバなどの畑作物が作られた．

160　第4章　失われつつある湿原

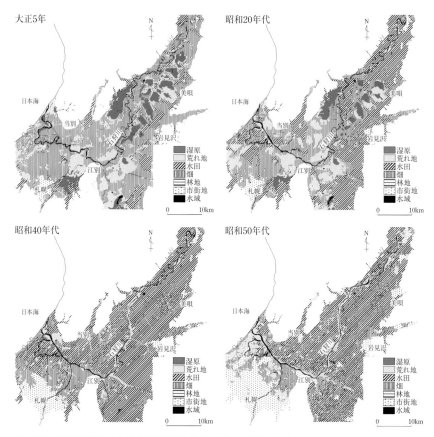

図4.8　石狩泥炭地の土地利用の変遷（宮地・神山，1997より）．

1890年代からはこの政策を転換し稲作の普及が進められ，水田面積が次第に増加した．第二次世界大戦中から戦後にかけての1930-1940年代には，水田・畑とも耕地面積は減少した．そして，戦後の第一期総合計画（1952-1962年）が始まると泥炭地の灌漑排水事業が本格化し，第二期総合計画（1963-1970年）が終わるまでの間に水田面積は急激に増加し，食料増産が図られた．開発は耕地化しやすい土地から進んだ．石狩泥炭地は石狩川から離れるに従い，褐色低地土，灰色低地土，グライ土，泥炭土が分布し，農業に利用しやすい低地土の大部分が1910年代まで主に畑地として開発された．

低地土と隣接して分布する低位泥炭土も 1910 年代にその半分が開発された．これに対して，農業利用上排水施設等の設備を必要とする高位泥炭土や中間泥炭土は，戦前は開発しきれずに残され，戦後の 1950-1960 年代に集中して開発された．

（2）開発以前の湿原

それでは，開発される以前の石狩泥炭地の植生や景観はどのようなものだったのだろう．現在その片鱗を見ることができるのは，石狩泥炭地内に残存する 2 つの湿原，月ヶ湖湿原と美唄湿原の 2 か所のみである．しかしこれらも隣接する農用地の排水効果によって地下水位の低下が著しく，植生遷移が進行して原植生が失われつつある．

石狩泥炭地の原植生に関する植物学の詳細な報告は残っていない．北海道農業試験場が実施した「北海道農業試験場土性調査報告第四編　石狩國泥炭地土性調査報告」の中に「植物景」として植物名を挙げた湿原の様子が明記されている（浦上ほか，1954）．この貴重な報告書は 1954 年に発行されているが，調査は 1918，1919 年に北海道庁技師浦上啓太郎をヘッドとして実施され，調査や分析に参加していた飯塚仁四郎，瀬尾春雄が戦後にまとめたものである．北海道農業試験場は，農地開発の情報収集のために特殊土壌調査事業として，火山灰地や泥炭地の土性調査を 1918 年から 1928 年に実施した．当時，湿原は農地開発の前に立ちはだかる忌み嫌われる場所であったので，あえて湿原の植物や植生にスポットライトを当てて調査をする者はほとんどいなかった．わずかに開発の影響が顕著になり始めた時期の石狩幌向泥炭地に関して北海道大学農学部の舘脇操博士が論文を書いておられる（舘脇，1928）．幌向泥炭地は，石狩川，江別川，夕張川，幌向川に囲まれた，面積約 8300 ha の湿原であった（農業土木学会・石狩川水系農業水利誌編集委員会，1994）．現在では JR 函館本線の駅名あるいは地名としての「幌向」が残っているが，湿原の片鱗はほとんどない．ホロムイスゲ，ホロムイソウ，ホロムイクグ，ホロムイツツジなど，現在でも泥炭地湿原で見ることができる植物たちの名前（和名）として，石狩泥炭地の幌向に素晴らしい湿原があったことを偲ぶことができる．

舘脇操先生は，幌向湿原の植生報告の緒言の中で，泥炭原野は北海道特有

の植物景観のひとつであるとし，「本道に於ては今や耕地改良の進捗に伴ひ，泥炭原野の多くは，漸次其旧態を失ふに至れり．されど群落の変遷上，移動過程中のもの多く，群落生態学上より殊に興深く，意義深きものあり」と述べている（舘脇，1928）．開発による湿原の減少に胸を痛める一方で，植物学者として湿原群落がどのように遷移していくのかに，興味を示している．舘脇先生は植生を相観によって大きく 4 つに区分し，7 つの群落を記載している（舘脇，1928）．これによると，幌向湿原の大部分はヌマガヤ-オオイヌノハナヒゲ群落とミズゴケ小灌木群落からなるローン植生で覆われていた．当時わが国では，植物社会学による植生の調査方法や記載方法がまだ普及しておらず，報告には群落を構成する種名が列記され，定量的な記載はない．しかしながら，ライントランセクト法を用い，植物・植物群落の配列や移り変わりに関する記載がなされ，論文の最後で群落の遷移について予想がなされている．北海道の植物生態学の黎明期から発展期を支えた，さすがの大先生である．話を戻そう．幌向湿原の主要群落であるヌマガヤ-オオイヌノハナヒゲ群落とミズゴケ小灌木群落を，サロベツ湿原（橘・伊藤，1980），歌才湿原（橘・冨士田，1996），月ヶ湖湿原（冨士田・武田，2002）等と比較してみると，この群落は高層湿原のローン植生のヌマガヤ-イボミズゴケ群集（橘，2002）に相当すると考えられる．つまりイボミズゴケを中心とするミズゴケ層が泥炭地表をマットのように覆い，そこにヌマガヤ，ツルコケモモ，ヒメシャクナゲ，ホロムイスゲ，ヤチスギラン，ワタスゲ，ミカヅキグサ，ヒメシロネなど，高層湿原植生を特徴づける植物が混在するようなローンの群落である（図 4.9）．さらにローン内にはガンコウラン，ハイイヌツゲ，カラフトイソツツジ，ホロムイツツジなどの小灌木に富む凸地と，ホロムイソウ-モウセンゴケ泥沼と舘脇先生が呼んだヤチスギラン，ホロムイソウ，オオイヌノハナヒゲ，ヤチカワズスゲ，エゾホシクサ，ホロムイコウガイ，ムラサキミミカキグサなどからなる凹地（シュレンケ）群落が点在していた（舘脇，1928）．池塘にはエゾヒツジグサ群落，オヒルムシロ群落が，池塘バンクや凸地ではヤマウルシ，ノリウツギなどが見られた．さらにヨシ群落やミツガシワ-フトイ群落，ハンノキ湿地林も分布していた．開発以前の石狩泥炭地では，このような湿原植生が地平線まで延々と続いていたのだろう．

図 4.9　高層湿原のローン植生（サロベツ湿原）．

（3）残存湿原の様子——月ヶ湖湿原と美唄湿原

　月ヶ湖湿原は，北海道中央部空知支庁の月形町南西部に位置する．この一帯はかつて篠津原野と呼ばれた石狩川の北部に当たり，当別・篠津原野の元の泥炭地面積は約 1 万 1200 ha 以上にも上る（浦上ほか，1954）．月ヶ湖湿原は石狩平野が増毛山地から続く丘陵地と接する地域に位置しており，石狩平野の縁部分に当たる．周辺には大小 2 つの湖，大沼（月ヶ湖）と小沼がある（図 4.10）．現在，高層湿原植生が見られるのは小沼北東岸および大沼南岸に限られ，面積は 5 ha 以下で，少しずつその面積は縮小している．大沼南岸の高層湿原部分は，深い明渠によって農地と接しており，排水の影響で明渠付近にはシラカンバなどが帯状に侵入している．湿原周縁部はチマキザサに覆われ，湿原内部はヤマウルシなどの低木やチマキザサの侵入が著しい．
　私たちの調査結果によると（冨士田・武田，2002），高層湿原はイボミズゴケ，ムラサキミズゴケといったミズゴケ類がマット状に広がり，ヌマガヤやヒメシロネ，ツルコケモモ，ミカヅキグサ，タチギボウシなどが生育する

図 4.10　月ヶ湖湿原．手前が大沼，奥が小沼（撮影：岡田操氏）．

ローン植生で，その中に水位低下が理由なのか，水深のない干上がったシュレンケ，あるいは凹地が点在しオオイヌノハナヒゲ，ミカヅキグサ，エゾホシクサ，ムラサキミミカキグサ，ヌマガヤ，モウセンゴケ，トキソウ，ユガミミズゴケなどが生育する．そして，ヤマウルシ，ノリウツギ，カラフトイソツツジ，ホロムイツツジのほか，本来の湿原要素ではないヨツバヒヨドリ，ワラビ，エゾノコンギクなどが混じる低木の発達した群落が点在する．そのほか，地下水位低下による荒廃の進んだ場所ではヌマガヤ群落，チマキザサ群落が見られた．月ヶ湖湿原の植生は，私が調査に通っていた 2000 年代初頭までの 10 年余りの間でも目に見えて変化しており，ミズゴケの優占する湿原部分の荒廃と縮小が進んでいた．また樹木や非湿地性の植物の侵入も著しく，湿原は何らかの対策を講じないと近々，消滅すると考えられた．ここに湿原が残ったのは，丘陵地に近い泥炭地の縁辺部に位置していたことに加え，大沼からの水の供給が，この湿原を細々ながらも守ってきたからと考え

られる.

　一方，美唄湿原は，北海道美唄市北西部の開発南に位置し，石狩川を挟んで篠津原野の対岸に大きく広がっていた面積約1万7900 haの美唄泥炭地の北東部に当たる（美唄泥炭地の面積は，浦上ほか，1954より算出）．北海道農業研究センターが管理する湿原と，明渠と道路で隔てられた美唄市教育委員会が管理する湿原を指す．ただし一般には，北海道農業研究センターの管理する湿原部分を美唄湿原と呼んでいる（本書で取り扱う美唄湿原も，この北海道農業研究センター管理部分を対象とする）．美唄湿原の北側は排水試験や試験圃場として利用され，人の手が入っていないのは南側の約22 haである（粕渕ほか，1994）．湿原の周囲は三方（東西南）とも明渠に接し（ただし東側は道路側溝，道路，明渠の順で位置する），それらを介して水田・畑地と接している．当時学部4年生だった武田恒平君との調査によって美唄湿原の現存植生は，5つの群落タイプに分かれた（武田，2000）．湿原中央部にはイボミズゴケ，ヌマガヤを主体とする高層湿原のローン植生が約1 ha残存し，カキラン，ホロムイリンドウ，ヤチスギラン，ホロムイソウなどが生育する．さらにローン植生内には凹地が点在し，ミカヅキグサやオオイヌノハナヒゲ，フトハリミズゴケ，サンカクミズゴケ，ユガミミズゴケ，エゾホシクサなどが生育するシュレンケ植生が見られる．そのほか遷移が進行した群落として，ヌマガヤ-チマキザサ群落，ヤマウルシ-ヌマガヤ群落，ヤマウルシ-チマキザサ群落が見られる．

　美唄湿原は，かつてはほぼ同じ地盤高で平らだったが，明渠排水路の影響で図4.11のように湿原の西側が東側に比べて著しく沈下している（粕渕ほか，1995）．東西どちらも明渠排水の影響を受けているが，東西で地盤高に違いが見られる原因は，道路の配置にある．西側では明渠が湿原と直接接しているが，東側は明渠と湿原の間に道路が敷設され，これが遮水壁の役割を果たし湿原から明渠に水が排水されるのを少し抑えているのだ（粕渕ほか，1995）．ミズゴケの優占するローン植生は，図4.11では，中央部よりやや西側のわずかに地盤がへこんだ部分に残存する．また，周辺農用地では泥炭特有の激しい地盤沈下が生じ，かつてほぼ同じレベルであった周辺農用地と美唄湿原との標高差は最大で3 m以上にも及ぶ（宮地ほか，1995）．

166　第4章　失われつつある湿原

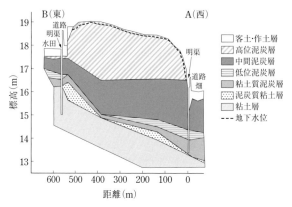

図 4.11　美唄湿原の横断地質図（粕渕ほか，1994 より）．

（4）推測！　植生変遷

　このように2つの残存湿原は置かれた状況も，これまでの変遷も異なるが，高層湿原植生が地下水位低下によって荒廃し形成される群落は，類似している．図4.12は，武田（2000）を基にして作成した，北海道の南西部のミズゴケの優占する高層湿原植生が，水位低下が原因で荒廃すると植生がどのように変化していくかを模式化したものである．舘脇先生の調査報告から幌向湿原（舘脇，1928）や静狩湿原（Tatewaki, 1924）のミズゴケがマット状に広がる高層湿原のローン植生は，実は一様ではなかったことがわかっている．一見，平らな湿原の中にも，高まり（凸地）であるブルテや低まりであるシュレンケが点在しており，それぞれに特有の群落が成立している．

　湿原の中の凸地はローン部分に比べ，相対的に地下水位が低くなるので，ヌマガヤが大型化したり，木本植物が繁茂したりする．北海道南西部の低地湿原では元々これらの凸地や池塘畔などにヤマウルシやノリウツギが生育していた（Tatewaki, 1924；舘脇，1928）．ヤマウルシは，湿原環境が良好であった時は，矮性化し一定個体数以上に増えなかったが，地下水位が下がり始めると，種子繁殖によって湿原の中に徐々に侵入し繁茂していく．それが，図4.12の排水路掘削後のヤマウルシ-ヌマガヤ群落（C）である．

　一方，ササは地下水位が低下する，あるいは排水の影響で夏季に低下する

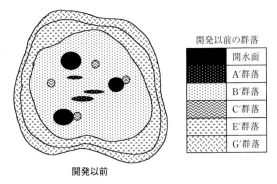

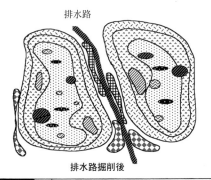

	A	ミカヅキグサ-オオイヌノハナヒゲ群落
	B	ヌマガヤ-ミカヅキグサ群落
	C	ヤマウルシ-ヌマガヤ群落
	D	ヤマウルシ-ヌマガヤ・チマキザサ群落
	E	ヌマガヤ群落
	F	ヌマガヤ-チマキザサ群落
	G	チマキザサ群落
	H	ハンノキ・シラカンバ-チマキザサ群落
	I	シラカンバ-チマキザサ群落

図 4.12 北海道南西部の高層湿原における水位低下による群落配置変化の模式図．開発以前の植物群落に関しては，詳細な記録がないことから，現在の残存群落の健全なタイプと見なし，ダッシュをつけて示した．排水路掘削後（現状）の群落は，武田 (2000) の調査結果で区分した群落名を使用した．

ようになると，地下茎を伸ばして湿原内にじわじわと侵入・繁茂していく．さらに水位が低下するとササがびっしりと繁茂し，その下は暗くなるため次第にミズゴケや湿原特有の植物たちは枯死し消滅していく．その状態になったものが，チマキザサ群落（G）である．

そのほか高層湿原の縁部分のやや傾斜のある場所（といっても見た目にわかるほど傾斜しているわけではない．測量してみると周辺部に向かって傾斜があることがわかる程度である）では，ヌマガヤの密度が元々高かったのだが，それらが地下水位低下によって密生，巨大化する．これらの群落の遷移の方向は，一方向だけではなく，同じ群落から移り変わっていくとは限らない．湿原内では，複数の群落が微地形や微環境に応じて複雑に分布しており，水位低下の原因となる排水路の掘削方法や掘られた場所により，その影響も一様には現れない．卒論生の武田恒平君と，排水が行われた時期を軸として北海道南西部低地湿原の遷移系列を整理しようとしたことがあるが，一筋縄ではいかず，武田君が散々考えて作成した図（武田，2000）が図4.12の基図である．

生き物と環境からなる生態系は，ひとつの図式に当てはめて説明できるような単純な系ではない．それぞれの要因が複雑に絡み合った系である．生態系とはそのようなものであり，生態系の機能や構造を説明する美しい答えばかりを期待するのは危険であり，逆にあまりに美しい関係図は胡散臭い．複雑であればあるほど次々と課題が出てくるのが生態系であり，そこが面白いのである．

（5）篠路湿原

札幌市の現在の人口は195万人（2016年4月1日現在）で，増加が続いている．農地として開発された札幌市内の泥炭地の多くは，今では宅地や商業地に転換され，藻岩山や手稲山，定山渓などの山地域を除くと，原生的な自然はほとんど残っていない．開発を免れた一部の湿原も，隣接地の排水整備や舗装道路の建設，宅地化などによって遷移が進行し，ミズゴケの優占する湿原は札幌市内には皆無であるといわれてきた．

1998年の4月末，元植物園長の北海道大学農学部教授の辻井達一先生から電話がかかってきた．札幌市内にミズゴケの生育する原野が残っているの

4.4 石狩泥炭地　169

図 4.13　札幌市北区篠路町拓北の篠路湿原（井上京氏が航空機から 2002 年 9 月撮影）．

で，札幌市の担当職員と見に行ってくれないか，というものであった．そんな場所があるのだろうか？　半信半疑で出かけることになった．現地は石狩川の河口から約 14 km 上流の札幌市北区篠路町拓北にあった．この一帯は 1980 年代から「あいの里ニュータウン」として開発された場所である．問題の場所は，あいの里団地から直線でわずか 500 m，札幌市のゴミ処理場に隣接する面積約 20 ha の原野であった（図 4.13）．ゴミ処理場は 1970 年代に泥炭地を埋め立て建設された．ゴミ処理場の西側も埋立地で，ゴミ処理場の余熱を利用した余熱利用施設園芸団地としてハウス栽培農業が行われていたが，すでに放棄され草の生い茂る原野と化していた（ちなみにここは，2013 年からは，あいの里・福移の森緑地，札幌パークゴルフ倶楽部・福移の杜コースに変わった）．埋立地の斜面を下り，草むらをしばらく進み，排水路をまたぐと問題の原野である．しかし一面ササ原だ．少し行くと小さな湿原が現れた．まだ早春であったために，草本類は枯れた状態で，地表にはイボミズゴケやムラサキミズゴケがパッチ状に広がっていた．確かにミズゴ

ケの生育する場所ではある．ミズゴケが見られる場所はわずかばかりで，周辺にはササ原とヨシ原，ハンノキとササの卓越する群落などが見られた．また，あちこちに小さな四角い穴ぼこが開いており，そこに雨水が溜まってまるで池塘のようである．第二次世界大戦前後に，泥炭を燃料とするため切り出した跡の穴らしい．この人工池塘をよりどころとして，絶滅危惧種のカラカネイトトンボが生息しており（平塚，1996；綿路ほか，1999），トンボの研究グループや保護団体から札幌市に保全の要請があったそうである．結局，通算4年間，この原野のフロラと植生，地下水位の変動状況等を調べることになった．

　貴重なトンボが成育するこの原野は，実は原野商法で売られた多数の地権者が所有する私有地であるため，土地の買収が困難なこと，もしトンボを守るために札幌市がこの土地を買ったとしても，遷移の進行した現況で植生を復元することが可能なのか，その辺を見極めるための調査であった．植物・植生は私がやろう．しかし，地下水位の変動や水の動き，保全の手法を考えるためには，どうしても水文の専門家の手助けが必要である．フロラと植生を把握した翌々年に，私は湿原の調査仲間である北海道大学大学院農学研究院の井上 京先生に水文に関する調査をお願いすることにした．

　篠路湿原は石狩川の河口に近い，川が蛇行を繰り返す氾濫原に位置し，かつて広大な高位泥炭地が広がっていた地区に位置する．井上先生とその学生さんたちに，予備調査として泥炭のボーリングをしていただいた．泥炭の深さは約5mにも達した．泥炭構成植物の推移を見ると，地表に近い部分は分解が進んでいるが，110cmから250cm付近まではツルコケモモやヌマガヤなど高層湿原の植生を構成する植物の遺体が見られた．さらに下はヌマガヤやスゲ類，木本類からなる泥炭で，次第にヨシを含む泥炭に変わり，一番下は有機物の混じった石狩川が運んできた粘土の層となっていた．この層序から，篠路湿原は石狩川が運搬してきた礫や砂，粘土が堆積し，その後ヨシを主体とする低層湿原，ヌマガヤ主体の中間湿原，ミズゴケの卓越する高層湿原へと発達していったことが読み取れる．篠路湿原は，二方を道道で囲まれ鉄壁な排水路が設置されている上に，原野の中にも多数の排水路が掘られている．何としても水を抜いて，使える土地にしたかったのだろう．地表から50cm付近までの泥炭がミソ状になっていたのは，排水の影響で泥炭内

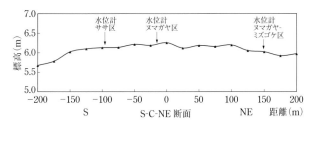

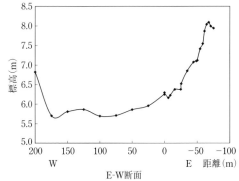

図 4.14 篠路湿原の地形断面図. 上：南北方向の S-C-NE 線断面図, 下：東西方向の E-W 線断面図. 標高は 1：2500 都市計画基本図中の標高値を参考に決めた仮標高とする. 横軸の 0 の位置は両地形測量線の交点を示す（冨士田・井上, 2005 より）.

の植物遺体が分解したからである．

　植生を調べてみると，原植生（人の影響を受ける前の自然状態での元々の植生）に近いものとして，ヌマガヤ-ミズゴケ群落が挙げられる（冨士田・井上，2005）．イボミズゴケやムラサキミズゴケ，ヌマガヤ，オオイヌノハナヒゲ，ミタケスゲ，モウセンゴケなどが見られる．しかし面積はわずか 0.27 ha であった．そのほかヌマガヤが残存しササの侵入が著しいヌマガヤ群落，ササ群落，ヨシ群落などが広がっていた．

　図 4.14 は，湿原に東西と南北方向の測量線を設け，測量した結果を示したものである（冨士田・井上，2005）．南北ラインを見ると，ほぼ平坦な地形となっており，中央部がヌマガヤ群落，北側のやや低い部分にヌマガヤ-ミズゴケ群落が，ササ群落の広がる南側の端でやや標高が下がっていた．一

方，東西断面では，高盛土のある東側の標高が高く，なだらかに低下し，西側の道路側で再び高くなる凹地形を呈していた．東側の高まりは，高盛土そのものではなく，高盛土の盛り立てによって生じた泥炭の地盤変状（側方流動）によるものである．豆腐の真ん中に上から圧力をかけると，周りが盛り上がるのと同じ原理である．

地下水位の変動を測定してみると，植生の違いによる相違は現れず，どの測定地点でも夏季に降雨により水位が上昇するが，降雨終了後急激に低下するパターンを繰り返していた．夏季無降雨時の水位低下が大きいということは，その間，表層の泥炭が好気的条件に周期的にさらされ，泥炭の分解，質的変化が生じ植生も変化することを示している．

現在の篠路湿原は，地下水変動の状況や地形状況から見て，すでに広範囲に人為的攪乱の影響を受け，湿原としての機能を維持し保全するには危機的な状況にあることが明らかになった．結局，札幌市は湿原を復元できるかどうか明確ではない土地の購入は諦めてしまった．カラカネイトトンボを守る会（現・NPO法人）のメンバーは，活動を粘り強く続けている．

ミズゴケ層が残存するヌマガヤ-ミズゴケ群落は，実は1976年撮影の空中写真の解析から，泥炭を剥ぎ取った跡地に成立した二次植生であることも判明している（冨士田・井上，2005）．かつてこの湿原に生育していたと考えられるツルコケモモやヒメシャクナゲ，トキソウといった高層湿原の植物たちは，この地では絶滅してしまったようだ．しかし，泥炭層は5mも堆積しているのだ．分解の進んだ泥炭やササを取り除き，一方で地下水位を上げる方策を考え，現地に残った植物（ミズゴケも含む）を増やし，新たな湿原を創出することは可能であろう．時間をかけて，地域住民とともに，札幌市内に人工的であっても湿原をよみがえらせることは，ひとつの自然再生の形かもしれない．

NPO法人カラカネイトトンボを守る会は，その後ナショナルトラストからの助成を受けるなどしながら，私有地を一筆ずつ買い取る地道な活動を続けてきた．ところが2001年頃から民間業者による行政指導を無視した埋め立てが急激に進み，私たちが調査した頃20 haあった湿原は2005年頃には5 haにまで縮小し，その後も埋め立てた場所に大量の土砂が持ち込まれ続けた．2005年頃からは，あちこちで埋め立て土砂などの重みによる地盤変

状が起こり，長期間冠水する地域でヨシ群落が出現・繁茂するなど，私たちが調査した当時の植生からの変化も著しい．カラカネイトトンボを守る会は，業者の不当な埋め立てに対して2011年訴訟を起こしたが，納得のいく判決は下されなかった．NPOの皆さんの気持ちを考えると，本当になぜ？　といいたくなる．土地所有が絡む問題は複雑で解決は難しい．

4.5　釧路湿原

(1) 湿原の変遷

釧路湿原といえば，尾瀬ヶ原と並びわが国で最も知名度の高い湿原のひとつである（図4.15）．現在の面積は環境省によれば1万9357 haで（環境省釧路湿原再生プロジェクト湿原データセンター 湿原面積の減少：http://kushiro.env.gr.jp/saisei1/modules/xfsection/article.php?articleid=50），日本最大である．湿原には，釧路川とその支流群，新釧路川，阿寒川が流下し，

図4.15　キラコタン岬から望む釧路湿原．

湿原内は平坦で勾配が小さいため，河川は蛇行を繰り返しながら緩やかに流れる．河川は融雪期や大雨の際に氾濫を繰り返し，時には流路の変更も起こる．このように釧路湿原は洪水に見舞われる陸水涵養型（河川水や湖沼水，地表面や浅い地中を流れてくる水などで湿地の水が供給されるタイプ．地表を流れてくるので，水には栄養塩類や有機物などが含まれている．対語は雨水涵養型で，雨水や雪などの降水だけで水が供給されるタイプであり，水が貧栄養であることが特徴）の湿原なので，ヨシやスゲ類の優占する低層湿原植生が主体となっている．

　釧路湿原は，1935 年に「釧路丹頂鶴繁殖地」として，2700 ha が国の天然記念物に指定された．1967 年には湿原そのものの価値が認められ，面積を 5012 ha にまで拡大して天然記念物「釧路湿原」となった．さらに 1987 年には，湿原域を中心とした 2 万 6861 ha が「釧路湿原国立公園」に指定され，にわかに注目が集まる湿原となった．

　北海道開発庁（1963）によると，かつての湿原面積はおよそ 2 万 2600 ha とされる．北海道教育大学釧路分校の岡崎由夫名誉教授は，開発や河川改修などの人間のインパクトによって湿原は次第に狭められ，1975 年当時で，41.3% に当たる 1 万 2014 ha が非湿原化したことを示している（岡崎，1975）．そのほとんどが湿原下流部に集中し，開発は釧路川の支流であった阿寒川の分流（1918 年完成），釧路川の新水路（新釧路川）の開削（1931 年完成）と新釧路川左岸堤防の完成（1931 年完成），右岸堤防の完成（1934 年完成）によって加速度的に進展した．新釧路川の右岸堤防は治水の一環として，新釧路川と雪裡川との合流点付近から温根内まで延びており，釧路湿原の東部を釧路川遊水地と位置づけ，釧路湿原最大の高層湿原を分断する形で建設された．

　確かに，この右岸堤防は釧路市を水害から保護する役割を担っている．というのは，2003 年 8 月 7 日から 10 日にかけて日本列島を縦断し，全国で甚大な被害をもたらした台風 10 号により，北海道でも大雨が降った．釧路地方は 8 月 9 日から 10 日の未明にかけて大雨となり，釧路での 8 月 7 日から 10 日までの期間降水量は 131.5 mm（気象庁 災害をもたらした気象事例 [1989-2016 年]，http://www.data.jma.go.jp/obd/stats/data/bosai/report/index_1989.html）．釧路湿原上流部の鶴居村のアメダス観測所「鶴居」では

図 4.16 洪水状態の釧路湿原（2003 年 8 月 13 日）．

8月8日から10日の合計降水量が218 mm にもなり（気象庁の過去の気象データから計算），釧路湿原は水で覆われた．ちょうど釧路湿原の植生調査を行っていた時期だったので，雨がやんだ8月13日にカヌーで雪裡川を下った．湿原は水浸しで川すじがわからない．場所によってはヨシが穂まで完全に水没，新釧路川右岸堤防中流域周辺は完全に水没した開水面となっていた．雪裡川と新釧路川の合流点より上流に位置する「さけ・ます捕獲場」までは右岸堤防道路から車道があるのだが，ここも完全に水没．捕獲場の職員の人が船外機付きの船で往復していた．私たちも湖のようになった湿原から右岸堤防に，直接カヌーで接岸することができた（図4.16）．湿原の水が引いて新釧路川が通常の水位に戻るまでに，確か2週間ほどかかったことから，大雨の水を溜めた湿原から水は時間をかけて排水されており，湿原が遊水地として機能していることを実感した．ちなみに，2016年の8月17日から23日にかけては，立て続けに北海道を3個の台風（台風7号，11号，9号）が襲い，8月下旬に釧路湿原に行くと，2003年の時よりもすさまじい洪

図 4.17 釧路湿原 2016 年 8 月の洪水の状況. 上：2016 年 8 月 25 日の様子, 下：2016 年 9 月 27 日の様子（撮影：帯広畜産大学・佐藤雅俊助教）.

図 4.18 新釧路川右岸堤防道路．

水状態で，右岸堤防の両側は湖と化していた（図 4.17）．さらにその直後，大型の台風 10 号（8 月 30 日に岩手県大船渡市付近に上陸し，道南地方をかすめて日本海で温帯低気圧に変わった）の影響で，道央から道東地域は再び大雨に見舞われ，甚大な被害を受けた．9 月 10 日が過ぎても湿原から水が引かないので，その年の調査は諦めた．

　新釧路川の右岸堤防だが，1993 年の釧路沖地震，続く 1994 年の北海道東方沖地震の際に多大な被害を受け，復旧工事により堤敷幅約 66 m，高さ約 9 m もの巨大な築堤に嵩上げされた（図 4.18）．復旧工事中は，湿原調査に行くと，連日，湿原の中を何十台もの大型トラックが往復していた．災害復旧事業費がつぎ込まれたと思われる．2016 年 8 月の台風がらみの大雨においても，この堤防はビクともせず，まさに洪水の様子を高みの見物することができた．これほどの巨大な堤防がはたして必要なのか，その議論がどこで行われたのだろうか……．

　一方，湿原上流部においては，昭和 40 年代から 50 年代にかけて久著呂川，雪裡川，幌呂川などの河川で改修が進行した．河川の直線化（明渠排水路

化)である.また同時に流域の農地開発も進んだ.このような上流域での変化は,水の流れを通じて必然的に下流の湿原にも影響を及ぼすこととなった.北海道大学大学院農学研究院の中村太士教授と大学院生の水垣滋さん(現・国立研究開発法人土木研究所主任研究員)は,河川改修,農地・林地開発が釧路湿原にどのような影響を与えたのかを研究した.水垣さんは,流域の林地や湿地の土地利用開発に伴う河道の直線化・急勾配化は,河道内での土砂生産量と運搬量を増加させたことを指摘している(水垣,2017).久著呂川では,融雪期や多量の降雨時には上流部の崩壊地や農地で生産された微細砂を含んだ濁水が,直線化した明渠排水路末端から拡散して湿原内に運ばれるようになった(Nakamura et al., 1997).そして,流入した土砂は,河川近傍では急速に堆積して地表高を上昇させて,ヤナギ林の成立を促した(水垣・中村,1999; Nakamura et al., 2002).また,衛星データの解析からは,濁水の氾濫域は,河川近傍にとどまらず,河川から離れた後背湿地まで及んでいることを,当時北海道農業研究センターにいらした小川茂男さんや深山一弥さん,中村先生の研究室の大学院生だった亀山哲さん(現・国立研究開発法人国立環境研究所主任研究員)が報告している(小川ほか,1992; Kameyama et al., 2001).

　私が大学に就職する前,つくばの農業環境技術研究所のリモートセンシング研究室にポスドクで半年ほど勤めた時,ランドサットデータによる釧路湿原の画像化を行ったのだが,その画像にはキラコタン岬と久著呂川の間の一帯に,広範囲に濁水が及んでいることがはっきりと現れていた.その後,北海道大学に移り,農学部の井上先生や当時釧路市立博物館の学芸員だった新庄久志さんと釧路湿原に通っていた頃(1990年代前半)と,後に北海道農業研究センターの加藤邦彦さんや柳谷修自さん,大学院生の藤村善安君とプロジェクトで釧路湿原に出かけた頃(2000-2005年)とでは,久著呂川の様子は一変していた.かつては久著呂川を明渠排水路化した末端部から,久著呂川の自然堤防を伝って下流に向かって500mほど湿原内を歩いて進めたのだが,2000年6月の調査では途中で河道がはっきりしなくなり網状に氾濫しており(土砂堆積による川床の上昇と堆積物による河道閉塞が原因と思われる),何度も無理やり川を渡ることになった(図4.19).かつての調査地がどこなのかまったくわからなくなっていた.

図 4.19 釧路湿原久著呂川．網状になっている川を渡る様子．

このように釧路湿原は，治水のための河道の切り替えや掘削，堤防の建設，河川の直線化，下流部・上流部の湿原の農地化などにより，その面積は著しく減少し，現在も様々な人為の影響を受け続けている．

（2）植生変化

釧路湿原の植生は，ヨシ，スゲ類からなる低層湿原植生が主体であるが，高層湿原植生，ハンノキ林も湿原の景観を特徴づける重要な要素で，植生は相観上この3つに大きく区分することができる．近年，空中写真や衛星データなどの時系列解析によって，ハンノキ林の面積が急激に増加していることが指摘されている．ハンノキ林面積の拡大の理由として，先述したように河川近傍では土砂の堆積が著しく相対的な水位低下が生じた．懸濁水は河川から離れた後背地にも及んでいることから，湿原に土砂が流入堆積することで湿原が乾燥化したためではないか，したがってハンノキ林の拡大は湿原の乾燥化を示すものであると，マスコミ等では「乾燥化」という言葉が盛んに使われるようになった．しかし，濁水の氾濫域を示した衛星データはすでにハ

ンノキ林が拡大した後の1980年代以降のものであり，ハンノキ林拡大と土砂の流入堆積との時間的関係は明らかでなく，また湿原に乾燥化が生じるような大量の土砂が堆積していたのかについても明らかにはされていなかった．

　私たちの研究グループが，ハンノキ林が拡大した場所も含めて植生と水位の関係を調べた結果，ハンノキ林は常に湛水しているような場所に成立しており（藤村ほか，2006），ハンノキの増加が湿原の乾燥化と因果関係があるとはいえなかった．ハンノキ林の拡大と土砂堆積の関係については，より詳細な検討が必要と考えられた．比較的新しい時期の土砂の堆積時期を調べる方法としては，セシウム（^{137}Cs）を利用した方法が有効で，釧路湿原においても河川近辺については前述の北海道大学農学部の水垣さんと中村教授が（水垣・中村，1999；Mizugaki et al., 2006），湿原東縁の達古武沼については中村研究室の留学生だった安さんと水垣さん，中村先生らが調査を行い，1963年以降に多くの土砂が堆積したことを証明している（Ahn et al., 2006）．この^{137}Csは核爆発実験によって降り注いだ放射性核種（半減期30.2年）で，土壌に吸着されて容易に溶脱しないこと，日本での降下量のピークが1963年であることから，土砂の堆積時期の推定に利用できる（水垣・中村，1999）．このような有効な方法があるにもかかわらず，湿原の内部，最もハンノキの増加が著しい場所での調査が実施されていなかったのは，湿原の中央部に調査に入ること自体が極めて難しいことに加え，地下水位面が地表より上にある低位泥炭地内で，分析用の泥炭を攪乱しないでスッポリとサンプリングすることが困難だったことによる．加藤邦彦さんを中心とする北海道農業研究センターのグループは，冬季の凍結時に土壌を柱状にサンプリングする回転式のコアサンプラーを改良して，サンプリングに成功した（図4.20）．セシウムと炭素含量などの分析の結果，近年新たにハンノキ林に変化した場所では，植生に変化のない場所に比べ，1963年以降に土砂流入が増加した時期があったことがわかった（図4.21；Fujimura et al., 2008；藤村ほか，2010）．調査地は，先に述べた1966年から1980年にかけて河川改修が行われた久著呂川の流域に位置し，改修後，河川が運搬する土砂量が増加している（Nakamura et al., 1997；Kameyama et al., 2001）ことがわかっている．今回の調査で，河川が運んできた土砂が湿原の奥にまで及んでいたことが明らかになった．やはりハンノキと土砂流入の間には何らかの因果関係が

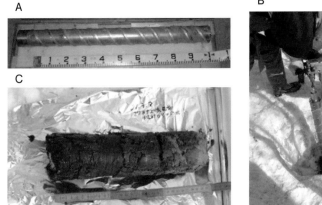

図 4.20　^{137}Cs 分析用凍結土壌採取．A：掘削用の刃がついた凍結土壌採取用パイプ（自作），B：電動モーターに接続して採取している様子，C：採取した凍結土壌コア試料（藤村ほか，2010より）．

あることが示唆される．

　ただし，近年の湿原内でのハンノキの増加は，土砂流入だけが原因ではないようだ．釧路川左岸堤防の築堤によって湿原本体から分離された広里地区で，ハンノキについて調査を実施した野生生物総合研究所の志田祐一郎さんは，ハンノキの実生定着や成長が水位や水質から影響を受けていると推察し，築堤による河川氾濫からの保護が水位変動パターンの変化などを通じてハンノキ林拡大に寄与した可能性を指摘している（Shida *et al.*, 2009 ; Shida and Nakamura, 2011）．一方，東京農業大学の中村隆俊さんらは，低層湿原や高層湿原の水位や水質の違いによるハンノキの実生の定着についてフィールド調査と実験を行い，その傾向をまとめている（Nakamura *et al.*, 2013）．このような調査研究がハンノキの発芽・定着・成長に関する知見を提供し，少しずつハンノキの生態の解明が進んでいると感じる．しかし長年湿原を見てきた私の感想は，湿原の中の環境は場所によって著しく異なる上に，年ごとあるいはその時々での変化が著しく，ハンノキの発芽や定着の成功はハンノキにとってラッキーな条件（既存研究が提示したようなハンノキの発芽や定着に有利な条件）が整った時に進むのであろう，というものである．ハンノキ

182 第 4 章 失われつつある湿原

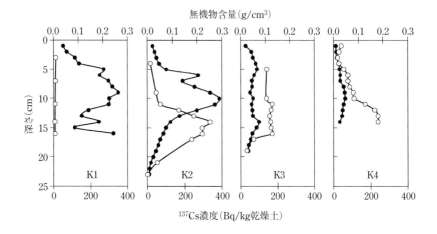

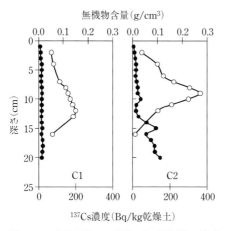

図 4.21 凍結土壌コア試料の深度別 ^{137}Cs 濃度（○）と無機物含量（g/cm^3, ●）．上：久著呂川調査区（K1-K4．調査地点は，直線化された河道の下流端から約 300 m 下流の右岸に設置し，それぞれ順に河道からの距離が 95 m, 150 m, 220 m, 250 m），下：チルワツナイ調査区（C1-C2．流路や植生に近年変化のない地域で，河道から距離が 50 m, 120 m の地点）を配す（藤村ほか，2010 より）．

にとっての有利な条件は，人間のインパクトが関係する場合のほか，刻々と変化する湿原内の植生遷移の一環として自然状態下で整うことがあり，ハンノキは増加するのであろう．河川が網の目状に入り込む釧路湿原では，10

年，50年，100年といったオーダーで起こる自然の力による攪乱で流路も植生も変化する．人為の影響の中でも土砂流入や築堤は，近年の釧路湿原での植生変化への最大のインパクトであったと考えられるが，加えて，しばしば発生する野火や，かつての放牧利用など，開発や河川改修以外の人為の影響による植生の変化も見逃せない．湿原植生の変化の原因は，ひとつではなく，様々な人為の影響と自然現象が複合的に関与していると考えるべきで，私たちは冷静にデータを集め，釧路湿原の変遷について解析する必要がある．

（3）開発から再生へ，視点は変えてみたが……

開発一辺倒であった行政も，社会の流れには逆らえない．釧路湿原が有名になるにつれ，湿原環境の悪化や植生の変化に世間の注目が集まるようになった．行政はこれまでのような開発という公共事業だけではなく，開発から再生へと視点をシフトする必要が出てきた．釧路湿原では，国土交通省による「釧路湿原の河川環境保全に関する提言」（釧路湿原の河川環境保全に関する検討委員会，2001；釧路湿原の河川環境保全に関する提言 http://www.ks.hkd.mlit.go.jp/kasen/kentou/teigen.html）を受けて，国土交通省北海道開発局が1980年代の釧路湿原を復元目標とし，検討委員会を設置し，大がかりな実験や調査が開始された．さらに，環境省と国土交通省は2003年1月に施行された自然再生推進法を受ける形で，釧路湿原の自然再生に着手した．しかしながら，植生変化と人間による環境改変との因果関係の解明が不十分なまま，「順応的管理」の名のもとに様々な事業や実験が見切り発進的に始まったと思えてならない．短期間での変化を期待する急激な事業の展開や，十分なフィードバックシステムが確立しないままの再生事業は，湿原生態系を今以上に破壊してしまう危険性すら含んでいる．

図4.22は，「湿原植生の制御」の具体的施策として「釧路湿原の河川環境保全に関する提言」（釧路湿原の河川環境保全に関する検討委員会，2001）の中にも明記・紹介されている，雪裡樋門地区で樋門を閉め切り地下水位を上昇させた実験の様子である．実験の目的は，水位上昇による湿原植生への影響を把握し，植生の制御手法を技術的に確立することで，湿原で近年増加しているハンノキを地下水位の上昇で制御できるかどうかを検証することだった（釧路開発建設部治水課湿原再生小委員会 http://www.ks.hkd.mlit.

図 4.22　雪裡樋門を閉め湛水状態になった湿原の様子（2002 年 7 月 14 日）．

go.jp/kasen/nframes/kasen_kentou/iinkai.html）．この具体的施策は，釧路湿原の河川環境保全に関する検討委員会による提案，「河川環境の指標であるハンノキ林の急激な増加やヨシ-スゲ群落の減少に対し，湿原植生を制御する対策をすべきである」に基づくとされる．水位上昇実験は 2000 年 9 月から 2003 年 5 月まで雪裡樋門を閉め切って行われた．水没した実験区域は 200 ha 以上に上った（図 4.23）．ところが枯らす予定であったハンノキ個体群が水に浸かった面積は狭く（なぜならば，ハンノキはヨシやスゲの生育地よりもやや標高の高い部分に生育している），広範囲にわたって水没したのはヨシやスゲの群落であった．樋門を閉めている間，冠水していた地域がいかに広かったかは，当時，航空機から実験区域が湖のように見えていたことからもわかる．私は，湖と化した実験区の向こう側の調査地に行くために，ゴムボートで往復した．深いところは 2 m 近い水位があったのである．

　2 年後，樋門を開けると，ヨシ，スゲ類は枯死した状態で広大な裸地が出現し，ミゾソバなどの一年生植物が繁茂した（図 4.24）．一方，枯死を狙っ

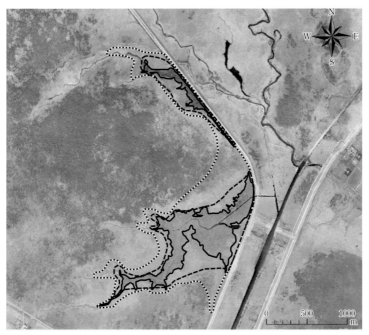

滞水域 ⋯⋯2001年① ━ ━ 2001年② ━━ 2004年

図 4.23 湛水区域と面積．2001 年①：2001 年 6 月 5 日の Landsat + ETM 画像から判読した水位が高い場合に湛水する区域（209.8 ha），2001 年②：2001 年 6 月 5 日の Landsat + ETM 画像上で湛水していた区域（124.6 ha），2004 年：雪裡樋門開放後の 2004 年 10 月撮影の空中写真から判読した融雪期や大雨時に湛水する区域（67.0 ha）（冨士田ほか，2008 より改変）．

たハンノキは弱り，地上部が枯れた個体もあったが，完全枯死に至った個体はわずかで，枯れたように見えた幹から芽が出る胴吹き状態となった．

次章で述べるが，植生の復元には，生態学的視点に基づく手順と注意点が必要である．釧路湿原では「自然再生」という公共事業を遂行することだけが念頭に置かれ，ルールはもとより，実験の予測（水没範囲，水位の高さ，裸地化のおそれ等々）も十分に議論されなかったようである．皮肉にも結果は，開発局の提言のパンフレットで謳われていた「河川環境の指標であるハンノキ林の急激な増加やヨシ-スゲ群落の減少に対し，湿原植生を制御する対策をすべきである」とはまるっきり反対のハンノキは枯れず，ヨシ，スゲ

図 4.24 釧路湿原雪裡樋門湛水実験後の抜水当年の様子.湛水実験は 2003 年 5 月までで,8 月には植物が生えてきている.

が枯れる結果となってしまった.本末転倒,あまりにも無責任でお粗末な結果である.しかし,責任の所在ははっきりしない.実験結果について,気にした者はほとんどいなかったし,今ではそのことを覚えている人すらいない.失敗を繰り返しながら順応的管理を模索するのが自然再生であると,委員の先生方はいう.「釧路湿原の河川環境保全に関する提言」(2001)作成時や,2003 年 1 月に施行された自然再生推進法を受ける形で環境省と国土交通省が積極的に事業を行っていた時期には盛り上がった湿原再生も,最近は,あまり話題にも上らなくなった.

　湛水実験後(樋門開放後),植生は目まぐるしく変化している.特に,樋門開放翌年に成立した群落は,釧路湿原の既存の植生に関する報告にはない,タウコギ,エゾノタウコギ,アキノウナギツカミ,ミゾソバなどの一年生草本植物が優占する群落であった(冨士田ほか,2008).樋門開放翌年の夏に調査のために現地に立った帯広畜産大学の佐藤雅俊先生と私は,キク科センダングサ属やタデ科イヌタデ属の植物が,見渡す限り広がった光景(図 4.25)にあらためて感嘆するとともに,私たちの想像を超えた自然の力,生き物の力を感じずにはいられなかった.

　釧路湿原では,国立公園に指定された頃から,様々なプロジェクト研究や行政発注の業務が行われてきた.トータルで見ると数十億あるいは数百億の

図 4.25 雪裡樋門開放翌年の安原川河岸に繁茂するエゾノタウコギとタウコギ.

図 4.26 釧路湿原中央部の河川が集合してできた沼の様子.

研究費や事業費が湿原には投入されたと思う．しかし，金額の割には解明された知見は多いといえない．それは釧路湿原が広大で，何本もの川が流入する低層湿原であり，踏査が極めて困難であることに起因する．湿原中央部には容易に近づけない．そのため釧路湿原の植生図は，空中写真や衛星データを利用した，間接的な手法によって作成することを余儀なくされてきた．植生調査も道路周辺や縁辺部で行われ，中央部は実際のところどうなっているのか記載されていない．そこで2002年から3年をかけて，湿原全域を対象に植物社会学的な手法による現地調査を行い，植生図を作成するという，途方もない計画が実施された．調査隊長は北海道教育大学の橘ヒサ子教授（現・名誉教授）で，帯広畜産大学の佐藤雅俊先生と私が隊員で，コンサルタント会社の方々や学生が同行した．いくつかの班に分かれ，徒歩，あるいはカヌーやボートを使い湿原に分け入り調査を行う．湿原にはヤチマナコと呼ばれる穴があり，はまると腰までストンと落ちる．とにかく，しんどい調査である．橘先生も佐藤先生も，そして私も湿原に対する研究者としての興味と，保全のための礎となるデータをとるという責任感で，湿原通いを続けた．調査を行うことにより，新たな発見もあったし，何より釧路湿原は面積だけではなく，景観や植生から見ても日本一の低層湿原であることを再確認した（図4.26）．

　私たちが，地べたを這いずり回っている一方で，湿原では自然再生と称して，いろいろな荒療治が始まっていた．蛇行河川を直線化する河川改修がなされた釧路川の一部で，再蛇行化が膨大な金を使って行われた．最近では，環境省が自然再生のために買い取った地区に近い民有地に，大がかりな太陽光パネルが設置された．補助金が出るうちは儲かるのであろう．開発から再生へ，湿原にとっては歓迎すべき変化だったはずだが，いまだに食い物にされ続ける悲しい湿原が釧路湿原なのである．

第5章　よみがえれ湿原

5.1　植生復元と自然再生とは

　さて，自然再生事業がスタートしたことは前章で紹介したが，自然再生イコール植生復元ではない．

　植生復元（Vegetation Restoration）という言葉は，何も最近できたものではない．かなり昔から植物生態学者にはおなじみの概念である．わが国で湿原植生の復元が最初に行われたのは，昭和40年代から開始された尾瀬ヶ原での植生復元実験である．尾瀬は木道が整備されていない時代に登山者が湿原内を自由に歩き，登山者の増加とともに荒廃が進行，ぬかるみができ，さらに登山者がぬかるみを避けて歩くため裸地が拡大していった（尾瀬保護財団植生復元：https://www.oze-fnd.or.jp/ozd/sh/）．尾瀬の植生復元は長い期間にわたり実施継続中で，植被の回復が見られ一定の成果が上がっている（吉岡ほか，1975；Kashimura and Tachibana, 1982；『尾瀬の保護と復元』福島県教育委員会編集の冊子で1970年より継続発行中）．

　植生復元に関する用語として下記のようなものが挙げられる．

　復元（Restoration）：人為または自然力によって破壊されたり，失われたりした植生を，以前の状態に回復させること．しかし，破壊以前の植生が極相の場合もあるし，遷移初期の段階，二次植生の場合もある．

　リハビリテーション（Rehabilitation）：軽い攪乱を受けた場所を構造的あるいは機能的に回復させることで，復元よりも軽度の管理．最近では，攪乱の程度よりも生態系の機能回復を重視した用語として使われている．日本語として「復旧」を当てている研究者もいる．

　創出（Creation）：その場所に元々成立していなかった生態系をつくりだ

すこと．たとえばビオトープの創出や地域の生物多様性や景観に配慮した事例などがこれに当たる．時には，人工湿地による環境負荷物質の除去など生態系の中で何らかの機能をもたせる場合もある．

　ミティゲーション（Mitigation）：開発等による生態系への影響を軽減するための積極的な保全行為を指す．大阪経済大学の遠州尋美教授によれば，アメリカでは①回避：ある行為もしくはその一部を行わないことにより，その影響を完全に避けること，②最小化：ある行為とその摘要の度合いや規模を制限することにより，影響を最小化すること，③矯正：影響を受けた環境の修復，再生，復元により影響を矯正すること，④軽減：その行為が続く間，保全や維持作業を行い，影響を継続的に減少もしくは消滅させること，⑤代償：資源や環境を別の場所に移したり，代わりの資源や環境を提供することで影響を相殺すること，の5項目を挙げている（遠州，1996）．日本では，失われる生態系（植生）の代償として，代替地の創出を行う事例があったことから，環境損失の補填と理解され使われることが多いが，ミティゲーションの本来の目的は，環境損失を発生させないことを第一に考えることである（遠州，1996）．

　日本語では復元のほか，修復，回復などという言葉も使われる．最近では，復元・修復とは植物や植生だけを対象として考えるのではなく，環境構成要素も考慮した生態系の機能回復そのものを対象とした，広い概念である生態系修復＝生態系復元（Ecosystem Restoration）が使われる．保全生態学の第一人者である元東京大学教授（現・中央大学人間総合理工学科教授）の鷲谷いづみ先生によれば，生態系修復とは健全性や生物多様性を失った生態系において，本来の生態系構成要素や機能を回復する取り組みやそのための科学技術を指す（鷲谷，2003）とされる．そして鷲谷先生は，「日本においては政策的な生態系修復を『自然再生』とよぶ」としている（鷲谷，2003）．つまり，自然再生とは，政策的な生態系修復であるから，国土交通省や環境省といった行政の予算措置により実施されている事業に限って使用する用語なのである．この定義からすれば，「自然再生」は生態系復元の一種であるが，生態系復元の事例がすべて自然再生に当てはまるわけではないことになる．

　「覆水盆に返らず」ということわざ通り，いったん健全性や生物多様性が

5.1 植生復元と自然再生とは

　失われてしまった生態系が，元と同じものに戻ることは困難だ．福島大学名誉教授の樫村利通先生によると，尾瀬ヶ原の植生復元は1966年から始まったが，人の踏みつけによって泥炭裸地になってしまった場所の植生復元は，決して簡単ではなく試行錯誤の連続だった（樫村，2005）．樫村先生は復元作業から約40年が経った時点で，植生はほぼ回復したかに見えるが，真の回復は理化学性の変化してしまった泥炭の上に再び泥炭層が発達し表面地形の自然修復がなされるのを待つ必要がある（樫村，2005）と述べている．50年近く経ても，元通りにはならないのである．ということは，復元とは限りなく元に近い，望ましい姿に近づけることが目標となる．望ましい姿に近づけるためには，対象とする生態系や生物そのものをよく知ることが大前提となる．自然再生もこの視点に立って，事業が立案されなければいけないのだが，生き物や生態系のシステムを無視あるいは理解しないままの強引な自然再生も見受けられる．自然保護関係者の間では，保全上重要な生態系や生物多様性を喪失する行為の代替手段として「自然再生」を隠れ蓑とされては！という懸念が起き，公共事業のための法律が新たな環境破壊の温床となるなど，自然再生事業に対する危惧や反対意見も多く聞かれ（たとえば小島，2003），「自然再生推進法」の成立前から問題点が指摘された（羽山，2003）．日本生態学会生態系管理専門委員会（2005）では，このような問題点を鑑みて，「自然再生事業指針」を出している．

　私も，自然再生事業に常に批判と懐疑心を抱いており，警告を発していこうと考えている．それは，自然再生事業が行政主体で進められるがために，すぐに結果を求める傾向が強いこと，結果が出るまで長い時間が必要な生態系修復に長期間にわたり金銭的な補償を続けることが，現在の行政の予算の仕組みでは難しいこと，そして物事は批判や対抗勢力なしでは進歩・進展しないからである．一方で，私自身は湿原の復元・修復の研究を行っている．場合によっては，批判するだけではなく，再生事業に対して，行政と一緒に案を考え検証し，よりよい方法を模索することも必要と考えるようになった．協働なしでは，進歩がないことを最近感じるからである．

5.2 復元目標の設定と復元の手順

（1）復元目標設定に必要なデータ

　話を湿原の修復・復元に戻そう．湿原の復元を行う場合には，復元作業に入る前に必ずやらなければいけないプロセスがある（湿原以外の生態系の復元もほぼ同じである）．

　まず，対象湿原の植生や環境の現状をきっちりと把握することである．植物相調査，植生調査で群落の状態と分布状況を明らかにし，地下水位の測定や水供給などの水文環境の把握，測量や DEM データで湿原の形状つまり微地形を三次元で理解，泥炭の堆積や層序の状況，流域の植生や土地利用等々もとらえる．

　あわせて，既存の文献や地図，土地利用の変遷，地権者などの情報を収集し，現状データと照らし合わせる．そして，湿原がどのように変化してきたのか，どこが荒廃しているのか，その原因は何なのかを検討し特定あるいは推定する．湿原の現状を正しく評価するためには，湿原が健全と考えられた状態から，現状はどのような状態まで悪化し不健全になっているのかを判定することが必要となる．つまり植生遷移から考えて，現在の植生は何が原因でどのような経過をたどって成立したのかを，データに基づき推定する．

　次に解析結果から，復元目標とする植生を決める．もちろん，湿原を荒廃する前の状態に戻せればベストである．しかしながら，荒廃の状況によっては，元の状態に戻らない場合，あるいは直ちには元の状態に戻せない場合などが多い．さらに，荒廃の原因をどの程度取り除けるかによっては，復元目標を最初から最終目標のタイプに設定することができない場合もある．また，復元目標の設定には，地域の特性や景観なども考慮に入れる必要がある．

　様々な再生事業や復元が失敗するのは，目標達成のために選択した手段が遷移という観点から考えて妥当ではない場合である．植生復元は，植生荒廃の原因を取り除き，目指す植生に近づけるために人間がお手伝いをすることで，できるだけ手を加えず自然にまかせるのがよい．管理が過ぎれば，植生復元ではなく，公園や花壇を造るのと同じになってしまう．手を加えた後，放置した場合，植生がどのように移り変わっていくかは遷移という観点で事

前に推定しておかないと，まったく異なる植生を誘導してしまうことになりかねない．

（2）復元目標の設定と復元の手順

図 5.1 は植物群落の動態予測と保全手法の実行の流れをまとめたものである（冨士田，2006 を改変）．（1）項の前半で述べたように，まずはできる限り詳細な現状把握調査を行う．次にその解析を進める．その際，重要なのは，植生遷移と立地と植物群落の関係を考慮することである．植生は時間とともに移り変わっていくが，同時に植生のみならず立地環境も変化していく．湿原植生が荒廃する場合，何らかの原因で自然状態の遷移の進行とは異なる逆向きや偏向の退行遷移が起こっている．先にも述べたように，現状がこれらの遷移系列のどの段階にあるのかを見極めることが，復元成功の鍵となる．

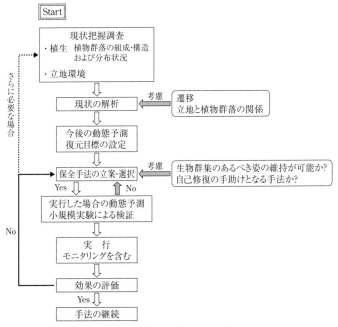

図 5.1 植物群落の動態予測と保全手法の実行の流れ（冨士田，2006 より改変）．

植物群落はそれぞれの立地に適応して成立するので，無理やり植物群落だけを元に戻しても，立地環境がその群落に適した状態に戻っていなければ，早晩，復元前の荒廃植生に戻ってしまうだろう．

次に，今後どのように推移するか動態予測を行い，その推移プロセスを考慮しながら復元目標を設定する．目標設定に，無理は禁物である．たとえば，尾瀬ヶ原での植生復元では，登山者の踏圧によって裸地化した場所を，元のイボミズゴケの優占する高層湿原植生に戻すのが最終目標であったが，すぐにミズゴケの導入などは行わなかった．東北大学理学部の吉岡邦二教授らは植物の何も生えていない裸地まで荒廃が進んだ場所には，まずミタケスゲを導入した（吉岡ほか，1975）．ミタケスゲは，健全なイボミズゴケ優占群落が，踏圧や地下水位の低下などにより荒廃していく過程で出現する群落タイプである（吉岡ほか，1975；Tachibana, 1976）．退行遷移系列を重要視した結果，まずミタケスゲの群落を復元し，最終目標のイボミズゴケ優占群落まで時間をかけて誘導するという考え方である．

また，石狩泥炭地の部分で紹介した札幌市の篠路湿原のような場所では，すでに荒廃の進行が著しいため，復元目標として健全だった頃のミズゴケが優占する高層湿原植生などを考えるのは無茶であろう．前にも述べたように，現在の篠路湿原では，石狩泥炭地の高層湿原で見られる典型的な湿原植物の多くは絶滅している．篠路湿原で絶滅してしまった種を別の湿原から導入するのは，地域遺伝子の攪乱の観点から，安易には進められない．この場合は，現在残っているヌマガヤ-ミズゴケ群落の荒廃や縮小を食い止め，ササが優占している植生をヌマガヤの混じったものに戻し，カラカネイトトンボが今後も生息できる環境を維持することを目標とするのが現実的である．このように目標は高く掲げたいが，冷静に現状を分析して定めることが必要である．

湿原が周辺の排水路の影響や河川からの土砂流入などで荒廃するには，少なくとも20年以上の年月がかかっているはずで，復元する際も時間をかけ，じっくり取り組もうではないか．そして保全手法の立案や選択では，復元対象の湿原に見合った生物群集の維持が可能かどうか，さらにはできるだけ人の手をかけずに自然の治癒力，自己修復能の手助けとなる手法かどうかを，今一度検討してみよう．せっかく復元しても，ほかの地域個体群から遺伝的に異なる植物や動物を導入し，常に何らかの人手をかけてやらないとその景

観や環境が維持できないのでは，復元は成功したとはいえない．最善なのは，荒廃した湿原に残されたわずかな植物や埋土種子などを利活用しながら，荒廃原因を取り除き，自然が現状で戻れる最も望ましい生態系を自然自身がつくるのをお手伝いすることである．

さらに，ここで選択した保全手法を実施した場合の動態予測を行い，場合によっては小規模実験による検証を行う．小規模実験といっても，結果は1年では出ない．出るわけがない．なぜならば，生き物の反応は年単位で進む．さらに自然現象には年変動がある．気温の高い年もあれば低い年もある．雨の少ない夏もあれば，雨ばかりの年もある．台風や低気圧の影響で大洪水が起きることもあるのである．自然再生事業の場合，予算の消化と，翌年度の事業の実施予算の獲得という行政側の都合があることはわかるが，実験結果を急ぎすぎるきらいがある．予備実験のレベルでも，最低3年の観察は必要である．

そして検証に基づき復元が実行されるわけであるが，必ずモニタリングを行い，経過を詳細に把握する．その結果から復元が順調に最初の想定通り進んでいるのか，効果の有無を評価する．復元が順調な場合はそのまま復元を継続する．もし予想に反した結果が得られ，問題が発生しているならば，保全手法の立案・選択まで，場合によっては現状把握調査まで戻って，また検討を始めなければいけない．

モニタリングについては，植生復元の現地調査から立案，実行まで研究者が関係集団内にいて，実行以降の検証調査いわゆるモニタリングも研究者が直接調査する，あるいは関係集団内で協働の歩調がとれ，検証・評価できる人なり組織が存在する場合は問題が少ない．しかし，多くの自然再生事業の場合は，このモニタリングに問題がある．自然再生事業実施のためには，自然再生協議会が設置されることが，「自然再生推進法」で決められている．この協議会のメンバーは広く一般から応募した人で構成される．そのため，再生を行う対象生態系に精通した研究者がこのメンバーに複数（できれば10名以上）含まれる場合は，モニタリング結果の評価を協議会のほかのメンバーと一緒に評価すればよい．ところが，そのような科学者が含まれない場合，あるいは適切な科学者が含まれない場合は，問題は大きい．さらに，自然再生事業は，行政による公共事業であるために，事業予算は公共事業費

で，大学や研究所の研究者には予算は配分できない仕組みになっている．このため，事業後のモニタリングはコンサルタント会社にまかせる．もちろん，能力の高いコンサルタント会社はたくさんある．しかし，公共事業であるために，モニタリングを行う業者は入札で選ばれるので，必ずしも調査解析能力の高いコンサルタント会社が仕事を取るとは限らない．また，公共事業であるために，行政が主導権を握り，現場に精通しているコンサルタント会社の技師が自由にモニタリング項目や調査を進められないこともある．事業後のモニタリング項目やモニタリング手法について，すでに決まった手順があるわけではないし，事例報告も少なく，ましてや再生対象生態系と事業内容によってモニタリング内容や手法はその都度，適切なものとしなければいけない．このような，専門家でさえ注意深く熟慮が必要なモニタリングを，行政主導で入札によって毎年異なるコンサルタント会社に発注して，はたして正しいデータの収集と評価ができるのだろうか．

　モニタリングについては，小さな地域の復元事例から，釧路湿原のような大規模自然再生事業まで，事業の評価を適切に行い，その経過と結果を公表して事例を増やしていく努力が必要である．これまで自然の復元が行われてきた事例はある．しかし決して多くない．やっと自然環境，地域の生物多様性の保護と地域景観の保存や復元に対して，世の中の理解が進んできたところなのである．この状況をさらに実りあるものにするのか，ただの税金の無駄遣いにしてしまうのか，国がこれからも細く長く自然再生事業に金を投入していくかどうか，これらは現在進んでいる様々な復元や再生事業の結果と検証にゆだねられている．

（3）荒廃原因の排除

　さて，目標を設定して，いざ復元にとりかかるのだが，まず実施しなければいけないのは，湿原荒廃の原因を排除することである．北海道の低地湿原の場合，湿原そのものあるいは湿原周辺の開発，道路や排水路の建設などによって，湿原面積が縮小し，さらに残った湿原の地下水位が低下して植生が変化するケースが最も多い．したがって，北海道の低地湿原における植生管理では，第一に水文環境悪化の原因を取り除くか軽減し，健全な水文環境を取り戻す，あるいは健全なものに近づけることが必要となる．とはいえ，荒

廃が指摘される湿原は，農用地と隣接していたり，掘削された排水路に接していたり，湿原の真ん中を道路が通っていたりと，人の日常生活と隣り合わせになっていることが多い．いかに湿原環境を復元することが大事でも，地域住民の日々の生活に大きな支障を与えるわけにはいかない．ここが悩ましい点である．山奥の湿原ならいざ知らず，人間生活と隣り合わせに湿原が存在する場合は，いかに妥協点を見いだすかが大事である．住民の命と財産が保障されない復元は実施できない．自然にとって最善の選択となるような妥協点を見いだし，共に生きることが「共生」ではないだろうか．そして湿原の復元によって取り戻した地域景観や生き物と共存する暮らしは，地域にとってかけがえのない宝であり誇りとなる．

　北海道大学農学部の梅田安治教授（現・名誉教授）と井上京先生（現・北海道大学大学院農学院教授）は，水文環境の視点から北海道の泥炭地湿原の保全対策をまとめ，以下の5点を挙げている．①湿原と農用地などの間に緩衝帯を確保する，②排水路または浅い水路などを補給水路とし，外部から水を供給する，③排水路を堰上げし，地下水位の上昇・保持を狙う，④地下水の流れの方向を横断する線（一般には等高線と一致する）に沿って遮水壁・遮水シートを設け，地下水位の低下を軽減する，⑤遮水壁で広域の効果が期待できない時，遮水壁よりやや下流に堤防を構築し，長大ダムとしての効果を期待する（梅田・井上，1995）．この報告で2人は，対象湿原の状況に応じて，複数の手法を併用することでより大きな効果が期待できると述べている．

　これらの保全策の実例として，道路で分断された湿原の水文環境と植生の回復について紹介しよう．北海道の低地の高層湿原域では，高層湿原中央部を分断する形で道路が建設されるケースが多い．これは泥炭地が発達すると，高層湿原の中央部が最も地盤が高い場所になるため，大雨時に水没するリスクの低い場所に道路を造るからである．そして高層湿原を分断する道路は，道路の嵩上げによる泥炭地盤の沈下，道路に付帯して設置された側溝からの水抜けによる湿原の地下水位の低下と植生の退行，道路施工による水移動の遮断などの様々な影響を湿原に与える．上サロベツ湿原，霧多布湿原，歌才湿原，浅茅野湿原などが該当する（図5.2）．

　北海道東部の太平洋に面した霧多布湿原は，海退や沿岸流の働きで形成さ

図 5.2 国道 5 号線で分断された歌才湿原. さらに, 湿原の周囲および南側の湿原内には排水路が掘削されている (撮影：岡田操氏).

れた砂丘間の低地や砂丘後方の海岸平野をベースに, 冬季の低温と夏季の海霧が頻繁に発生する冷涼な気候下で発達した面積約 3000 ha の泥炭地湿原である. 中央部の高層湿原は 1922 年に国の天然記念物に指定されたことは本書第 4 章で述べたが, 指定時にはすでに生活道路が天然記念物区域を分断する形で北西から南東方向に走っていた. 内陸部と海岸部の集落間を最短で結ぶには, 湿原の真ん中を通るのが最も都合がよかったのである. 詳しいことはわからないが, NPO 法人霧多布湿原ナショナルトラスト理事長の三膳時子さんが昔話のように聞いたという話によれば, 最初は人が通る程度の踏道だったものを, 町民総出で泥炭を盛り上げて道を整備したそうである. それでも湿原なので決して歩きやすい道ではなかったようで, 三膳さんがさらに小松孝夫さん (85 歳) からお話を聞いたところ, 小松さんが 10 歳前後の頃, 囚人らが道路の側溝工事を行ったそうで, それからこの道は劇的に通りやす

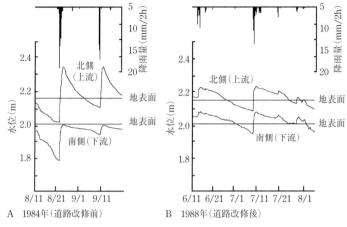

図 5.3 霧多布湿原における道路改修前後の地下水位変動（道路両側 30 m で観測．梅田・井上，1995 より）．

くなったそうだ．その後も道路工事がなされたのかどうか不明であるが，馬車が通れるぐらいの広さの道となり，「氷切沼」から氷を切り出し捕鯨肉の荷送などに使われていたという．1966 年から 1967 年にかけてこの道路の改良工事が行われ，未舗装ではあるが，道路は高さで 1 m，幅が 6 m，堤敷幅約 11 m に拡幅され，道路側溝が掘られた（Umeda *et al.*, 1985）．この道路改良工事によって，湿原では上流から下流への水の移動が止められることになった．17 年後の 1984 年には，上流からの水の移動が道路によって妨げられた下流側では，ヌマガヤ，ヤチヤナギ，ワタスゲを伴うミズゴケ植生が目立ち，上流側では道路の遮水効果でヨシが増加するといった植生の違いが顕著になった（Umeda *et al.*, 1985）．梅田先生と井上先生が両側で地下水位の変動状況を測定してみると，上流側では堰上げにより降雨後も水位の上昇が続く低位泥炭地の水位変動に近いパターンを示し，下流側では高位泥炭地の水位パターンを示すものの，上流からの水の供給のない状態であることが明らかになった（図 5.3A；Umeda *et al.*, 1985）．そこで 1985 年から開始された新たな道路改修に際して，道路側溝による過剰排水や道路盛土による地下水流動の阻害が生じないように，(1) 道路側溝を排水河川に直接連結しない，(2) 道路側溝を 50-100 m ごとに堰止めプールとする，(3) プールとプール

の境界は越流堰部として，一定水位以上では排水路として機能させる，(4) 道路両側のプールを道路下に埋設した暗渠で連結して，道路横断方向の水移動を可能にする，という計画が立てられ改修工事が行われた (Umeda et al., 1985；梅田・井上，1995).

図5.3には，道路改修前に加え，改修後の地下水位の変動を示した（梅田・井上，1995）．改修後は，上流側の道路堰止めによる湛水状況は解消し，下流側では埋設暗渠により上流側からの水供給を受け，両者の地下水位変動パターンはほぼ同じものとなった．改修後，1991年に私が行った植生調査では，下流側同様に上流側もヨシの優占度は低く，道路の両側の植生は類似のものとなっていた．

この事例のほか，①湿原と農用地の間に緩衝帯を確保する方法に関しては，上サロベツ湿原の自然再生事業の中で，実験により効果が認められたことから，対策事業として緩衝帯が着々と伸びている．排水路または浅い水路などを補給水路とし，外部から水を供給するという②に関連する手法としては，新篠津の残存泥炭地や美唄湿原で農業用水を使った試みが行われている．排水路を堰上げし，地下水位の上昇・保持を狙うという③については，上サロベツ湿原での実験や，浅茅野湿原での実践例がある．④地下水の流れの方向を横断する等高線に沿って遮水壁・遮水シートを設け地下水位の低下を軽減するについては，上サロベツ湿原や美唄湿原で実施されたが，遮水シートの効果が長続きしないという問題が顕在化している．遮水シートや外部からの水の供給，湿原と農地の間の緩衝帯などについては，次の湿原復元にかかわる新しい動きや模索の中で紹介しよう．

5.3 新たな模索と試み

(1) 生物多様性の評価

生物多様性という用語は，世の中に浸透してきた気がする．しかし，生物多様性とは，ある地域や生態系に，とにかくたくさんの種類の生き物がいればよいと思っている方が多いのではないだろうか．実は，生物多様性の評価はそう簡単ではない．生物多様性とは，生態学事典によれば，「種によって

形態や遺伝子は異なるが，1つの種でも生息地域によって，同じ地域内の集団でも個体によって形態や遺伝的形質に違いがある．微生物から大型哺乳類に至る多様な種は，様々な環境に適応して生活しており，大気，水，土壌環境と相互に関係しながら生態系を形成する．そして生態系も森林，湖沼，河川，草原，干潟など多様であり，さらに同じように見える森林生態系でも気候帯や水・土壌条件などによって様々に変化する．このような，遺伝子レベル，種レベル，生態系レベルの生物の変異性を総合して生物多様性とよぶ」（椿，2003）とあり，3つの異なるレベルそれぞれの生物多様性があるのだ．生き物の数の多さというのは種レベルでの豊かさに当たるわけだが，種レベルでの生物多様性の評価には，種の総数のほかに，絶滅危惧種や地域固有種の数など，多様性評価の目的によって様々な指標が使われる．

　それでは，湿原の生物多様性を，湿原内に生育する植物種を使って，どのように評価すればよいだろうか？　というのは，健全な湿原，特に高層湿原では，決して生育している植物種の数は多くないからである．高層湿原は過湿で貧栄養という特別な環境なので，そこで生育できる植物は限られるからである．また，このような特殊な場所で生育できるように進化適応した植物は，逆に普通の野山では生育できない．限られた少数の種で形成される高層湿原を，種数という評価軸だけから，生物多様性評価をすることはできないのだ．

　このような背景から，私たちは環境省の環境研究総合推進費S9「アジア規模での生物多様性観測・評価・予測に関する総合研究」（プロジェクトリーダー九州大学矢原徹一教授）の陸水のテーマ（テーマリーダー国立環境研究所生物・生態系環境研究センター髙村典子元センター長）に加わり，湿地の生物多様性の評価法を検討することになった．このプロジェクトで私たちは日本の残存湿地面積の86％が存在する北海道を解析対象地として，まずは湿地の植物の分布情報の集約，つまり過去から現在までの湿地に関する文献を片っ端から集め（もちろん，文献の信頼性や調査範囲などはチェックする），データベースを作成した．このデータベース作成では，対象とする北海道の湿地個数を155とした．文献は未公開（自分たちで情報のない湿原のフロラ調査を実施し，このデータベースに使った）も含め143本，90か所の湿地の情報が集まった．不適切な記録などを除外すると，最終的に88

か所となった．そのうち1990年以降の調査記録のある湿地は55か所に留まった．つまり，最も調査報告の多い北海道でも，湿地生態系の現状把握に不可欠な個別湿地の調査データが不足していることが明らかになった．さらに，2000年代以降の調査記録が少ないこともわかった．保全にとって，データの蓄積は最重要課題なのだ．

　私たちのチームで解析を担当した酪農学園大学の鈴木透准教授によれば，生物多様性の保全対策を効率的に行うために，生物多様性にとって重要な地域を抽出するホットスポット解析，現状の保護区との隔離の程度を評価するGap分析，γ多様性（地域全体の多様性）を効率的に保全する組み合わせを評価する相補性解析といった手法が開発されている（鈴木ほか，2016）．私たちは，作成した北海道の湿地植物データベースを使って，湿地生態系における植物の生物多様性を評価し，さらに保全を優先的に行う湿地を選定，現行の保全対策との隔たりを評価することにした（鈴木ほか，2016）．文献に出現した維管束植物については，15種類の図鑑情報を用い，湿地に生育する植物と水生植物を「湿地性植物」，それ以外を「非湿地性植物」，図鑑に記載のない「判断する情報が不足している種（情報不足）」の3つに区分した．コケ・地衣類については，ミズゴケ類のみ湿地性とし，ほかは情報不足に区分した．さらに固有種とそれ以外の種，環境省第四次レッドリスト種のランクなどの情報を加えた．

　1990年以降の調査記録のある湿地55か所を用い，各湿地の湿地性植物の数，レッドリスト種の数を用い，上位30%に当たる16か所の湿地をそれぞれ抽出した（ホットスポット解析）．さらに，すべての湿地性植物について，生育が確認された湿地の30%を保全するという目標を設定し，出現植物組成が重ならない湿地（つまり相補性が高い）の最小の組み合わせを選定するという計算を繰り返したところ，23か所が相補性保全優先湿地として選ばれた（相補性解析）．この解析結果を図示すると図5.4のようになる（鈴木ほか，2016）．対象とした55か所の湿地のうち，3つの基準で合計28か所の湿地が選定された．3種類のすべての解析（湿地植物の種数・RDB種数・相補性解析）で重複して選ばれた湿地は9か所だったが，ほかの基準とは重複しない相補性解析のみで選定された湿地は8か所，レッドリスト保全優先湿地のみで選定された湿地が2か所あった．この結果は，北海道の湿地生態

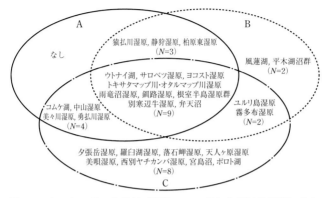

図 5.4 ホットスポット解析（種数・RDB 数）と相補性解析により保全優先湿地に選定された湿地名とその重複状況．A：湿地性植物種数保全優先湿地，B：RDB 種保全優先湿地，C：相補性保全優先湿地（鈴木ほか，2016 より）．

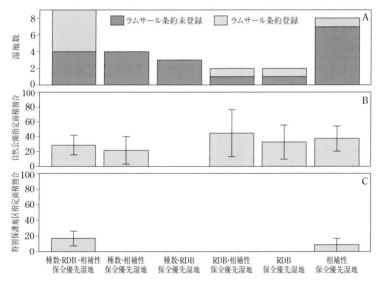

図 5.5 ホットスポット解析（種数・RDB 数）と相補性解析により保全優先湿地に選定された湿地の組み合わせとラムサール条約登録湿地，自然公園，特別保護地区との Gap 分析の結果．A：ラムサール条約登録湿地数，B：自然公園に指定されている面積割合の平均値，C：特別保護地区に指定されている面積割合の平均値（鈴木ほか，2016 より）．

系における植物の分布状況は一様ではなく，湿地の生物多様性保全には多くの湿地を守る必要があることを示している（鈴木ほか，2016）．

次に選ばれた保全優先湿地が，現状でどの保護状況下に置かれているのかを明らかにするために，28の保全優先湿地とラムサール条約登録湿地，自然公園，自然公園の特別保護地区と対比させたGap分析を行った（Gap分析は，生物の分布や生物多様性保全地域と現在設定されている保護区域との隔たり［ギャップ：gaps］を見つけ出し，それをなくすために新しい保護区の設定など，その改善を図ることを目的とするもの；図5.5；鈴木ほか，2016）．選定された保全優先湿地のうち，ラムサール条約に登録されている湿地は全体の約29%，自然公園，特別保護地区に指定されている湿地の面積割合はそれぞれ約28%，約8%であった．厳格に保護されている自然公園の特別保護地区に指定されているのは4か所のみであり，保全対策を優先すべき湿地においても多くは保護されていない現状が明らかになった（鈴木ほか，2016）．

この私たちの新しいチャレンジから，先人が調査したデータを一元化することで，湿地の生物多様性に関する現状を評価できることがわかった．また，分析から明らかになった保護区とのギャップを埋めるために，保護区を拡大するなどの対策を，優先順位を付けて順次実現化していくことが，多様な湿地生態系の保全につながると考えられる．

今後は，できるだけ，多くの湿原で地道な調査を実施し，情報の充実化を図っていくことが重要である．また，苦労して作成したデータベースに新たな情報が付加されなければ，一過性の研究で終わってしまう．今後，どれだけ多くの人が湿原調査やデータベースの更新のためのネットワークに参加して，データベースの保持と保全のための利用を促進していくかが課題であろう．

（2）保全方策構築のための試験研究

美唄湿原

第4章で紹介した石狩泥炭地の残存湿原，美唄湿原では，劣化が進行する湿原の現状把握のために様々な研究が行われてきた（粕渕ほか，1994，1995；塩沢ほか，1995；藤本ほか，2006など）．高層湿原では，保全状況が

たとえ良好であっても,一般には6-8月の雨の少ない時期(北海道は梅雨がない)に植物の蒸発散等により,地下水位が低下する.この自然現象にさらに排水の影響が加わると,地下水位の低下が著しくなり,湿原の荒廃や劣化が引き起こされる.美唄湿原は第4章で紹介したように,排水路で囲まれ,排水路から湿原を潤している水が抜けてしまい荒廃が進行している.可能な限り,湿原からの水の流出を抑える方策が必要である.北海道農業研究センターの伊藤純雄さんらは,残存高層湿原の周囲に等高線に沿って遮水シートを入れた場合と,遮水シートに加え泥炭地下部での横方向の水移動を抑制する畦を設置した場合について,詳細な測量と地下水位の測定結果からシミュレーションを行った(伊藤ほか,2001).そしてモデルによる検討に基づき,1994年秋に高層湿原の下流側三方を取り囲むように,遮水シートを等高線上に設置した.シートは湿地用ブルドーザーに取り付けたトレンチャーで,高層湿原を取り巻くように,長さ約1500 mにわたって泥炭を地表下約1 mまで掘削し,掘削跡に1.2 m幅のポリエチレンシートを連続的に挿入し,埋め戻すというものであった(伊藤ほか,2001).その結果,内側の地下水位が上昇し,シート設置後3年でササの生育が抑制され始め,ミズゴケが徐々に増加したのだ(伊藤ほか,2001).しかし,シート設置から約10年が経過すると,シートの内外でササやヌマガヤのサイズが異なるなどの違いは観察されるが,設置当初の効果は薄れ,シートの効果は長続きしないことが明らかになった.泥炭は植物遺体が積み重なって形成された有機質土壌であるため,泥炭内での水の移動は複雑である.また,泥炭の元になっている植物の種類や組成が,泥炭の深さによって異なるため,泥炭土壌内の間隙構造は複雑で,透水係数(水の通りやすさ)が小さいため水は動きにくい.透水性はばらつきが大きく,また縦方向の透水性と横方向の透水性も異なる.したがって,設置したシートの深さよりも下の部分から排水が進んでいる可能性や,シートの劣化,ササの地下茎の伸長によってシートに次第に穴が開くなど,様々な原因が考えられるが,残念ながら効果が低下する原因を誰も検証していない.

2003年には,北海道大学農学部の長谷川周一教授(現・名誉教授)やポストドクターの飯山一平さん(現・宇都宮大学農学部准教授),北海道農業研究センターの当時美唄分室に勤務していた永田修さん(現・農林水産省)

らが中心になって，ササが侵入・繁茂し，さらに地表面が緩やかに傾斜した場所に，等高線に沿って浅いトレンチを設置し，農業用水によって灌漑し，その効果を検証する実験が行われた（Iiyama et al., 2005；飯山ほか，2006）．これは，5.2 節（3）項で紹介した梅田先生と井上先生の泥炭地湿原の水文環境の保全対策の，②排水路または浅い水路などを補給水路とし，外部から水を供給する（梅田・井上，1995）に相当する実験である．美唄湿原では，高層湿原が残存する湿原中央部の地下水位は良好な状態が辛うじて保たれているが，植生の荒廃が進む部分では，排水の影響が顕在化して地下水位の低下が著しい．湿原中央部から排水路に流出する水をこのトレンチで止めてしまおうというのが，当初の発想であった．トレンチは長さ 28 m，幅 23 cm，深さ 20 cm で，給水期間は水田灌漑期間である 5 月初旬から 8 月下旬である．灌漑用自動給水栓を用い，あらかじめ設定した地下水位（地表下 5 cm）よりトレンチ内の水位が低下するとその分だけ水を補填する．植生が荒廃しているとはいえ，雨水涵養性の貧栄養な高位泥炭地内に富栄養な水田用の灌漑用水を引き込むのは問題である，という意見もあった．確かにその通りである．しかし私たちが容易に手に入れられる水は農業用水しかないのだ．水道水は金がかかって長続きしない．また，トレンチを入れた周辺の植生を復元することよりも，残存する高層湿原をこれ以上，地下水位低下で劣化させないことが目的ならば，まずやってみようじゃないか！　という長谷川先生の一言で実験が行われることになった．

　2003 年春，あらかじめ詳細な地形測量を行った場所で，等高線に沿って人力で 28 m のトレンチが掘られた（図 5.6）．実験の中心人物である長谷川先生や飯山さんと学生たち，北海道農業研究センター美唄分室の技術職員さんや研究員の永田さんらでトレンチを掘った．そして 5 月初めから水が引かれた．水は見る見るトレンチに入るだけではなく，周囲の泥炭地に広がっていく様子が，泥炭の色の変化で見て取れた．用水にはゴミが混じっていることが多く，しばしばこのゴミが自動給水栓に引っかかり，水が止まり，地下水位を地表から 5 cm に保つことができないという問題が生じた．そのたびに，美唄分室の永田研究員がケアをした．実験結果から，灌漑期間中の平均的な灌漑有効範囲，つまり引水の影響が及んだ範囲はトレンチの両側 15 m 程度であることがわかった（Iiyama et al., 2005；飯山ほか，2006）．また，

図 5.6 美唄湿原の導水試験用トレンチの掘削.あらかじめ地形測量を行い,等高線に沿ってササを刈り払い,人力でトレンチを掘削.

これまでの実験から地下水位を 5 cm 前後に保つことが地上部を刈り取ったササの再生を抑制するには効果的である（伊藤ほか,2001）ことが明らかになっていたが,今回の引水の実験では実際にはトレンチ前後で地下水位が 5 cm に保たれているのは,トレンチから約 3 m の範囲のみであった（Iiyama et al., 2005；飯山ほか,2006）.つまり,上流側から排水路に向かって排水される水をこのトレンチ付近で水の壁で止めてしまおうという試みは,難しいことが明らかになったのである.ただし,夏季の渇水時の水収支を改善するという意味では狭いながらも効果は期待できる.このトレンチの灌漑効果を評価するため,飯山さんはモデル式を作成し,モデルが実測値をよく再現していることを確かめた（飯山ほか,2006）.さらに飯山さんは,複数のトレンチを個々の灌漑有効範囲が重なるように設置し,灌漑有効範囲を広げることで湿原からの排水を止める方法を提案している（飯山ほか,2006）.これは有効だ！ という話にはなったのだが,残念ながら実験は行われていな

い．また，永田さんの分析によると，富栄養な水の高位泥炭地への引水については，トレンチの近辺での採水の化学分析から，試験から4年経過した時点では影響が出ていないことが明らかになった．とはいえ，この点については，同様の実験においてさらに長期の検討が必要であろう．

サロベツ湿原

一方，サロベツ湿原でも，農用地と残存湿原の間に掘られた排水路の影響で，湿原側で地盤沈下と植生の退行が起きている．湿原側のみならず，農地側では造成後の経年変化に伴い地表面の沈下とともに，凹凸の発生や暗渠排水機能の低下が起こり，地下水位が高く過湿な場所が発生し，牧草収量の低下やトラクターがぬかるんで入れないなどの農作業効率の低下を招いていることを，北海道開発局稚内開発建設部の中瀬洋志さんらは指摘している（中瀬ほか，2006）．農地側で問題が発生するのは，梅田先生によれば，平らに見える泥炭湿原の下には河川跡や湿地溝が埋もれており（図5.7；梅田・清水，2003），その場の泥炭地形成の履歴が影響していたり，泥炭の不均一性に原因があったりするそうだ．そこで，残存湿原の乾燥化をこれ以上誘発せずに，農地の暗渠排水の再整備，附帯明渠排水路の切深不足解消の床下げを行うために，農地と湿原の間に緩衝帯を設置する案が浮上した（中瀬ほか，2006）．そして自然再生推進法に基づく，上サロベツの自然再生に向けて，2006年より緩衝帯の実験が始まった．

湿原に隣接する農地の一部を農業者から借地し，現地調査の結果から決めた幅25mの緩衝帯を農地側に設け，農地側に新しい排水路を掘削し，湿原に接する旧排水路は新排水路の掘削泥炭で堰上げする（図5.8；中瀬ほか，2006）．堰上げによって旧排水路を水で満たし，湿原からの水の流出を食い止め，緩衝帯を設けることで農地には影響が出ないようにするのが目標である．実験結果は良好で，湿原側の水位は高く保たれ，農地は新排水路によって水が除去され，緩衝帯の中で水位勾配が発生していた（図5.9）．その後，数年間にわたるモニタリングと検証が続けられ，有効性が明らかになり，現在では再生事業として緩衝帯が延長されている．この実験の大きな成果は，緩衝帯の効果が明らかになったことであるが，それ以上に画期的であったのは，緩衝帯として幅25mの農地を農業者が提供してくれたことだった．こ

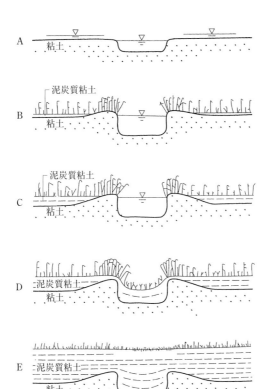

図 5.7 泥炭堆積と河川の埋没過程断面図（梅田・清水，2003 より）．A：鉱質土地盤の上をほとんど自由に流下する川はやがて流路を固定する．B：洪水を繰り返すことで徐々に自然堤防が形成され，後背地には湿生の植物群落が生育し，粘土混じりの泥炭が堆積し始める．C：自然堤防の形成が進み，後背地では洪水の影響を受けつつ泥炭が堆積していく．やがて河川は流量の集中から流路を変更する．D：流路の変更から，それまでの河川部分のほとんどは水位が低下，湛水状態となり，やがて植物群落が覆い，泥炭が堆積し始める．その泥炭は粗な状態が多い．E：泥炭の堆積が進み，河川の地形は完全に泥炭に埋没する．しかし，後背地と異なる河川部分の泥炭の性質は，地表の植生に影響を及ぼしている．

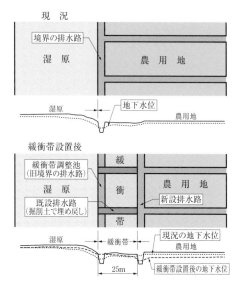

図 5.8 サロベツ湿原での緩衝帯のイメージ図(中瀬ほか,2006 より).

図 5.9 サロベツ湿原と草地の間に設置された緩衝帯.中央部が幅 25 m の緩衝帯.右側に新しい排水路と草地が,左側に湿原が見える.

れは，北海道開発局稚内開発建設部が農業者に湿原保全の必要性や自然環境と農業の共生の重要性を粘り強く説くとともに，緩衝帯として土地を提供することにより農地の一部を失ったとしても，新たに開削される排水路による排水効果の方が大きく，農業者が得る便益が担保されたことによる．まさに，共存のための新たな一歩だった．観光地でもあるサロベツ湿原の保全は，地元にとっても重要な課題でもある．いかに素晴らしい湿原に隣接した場所で暮らしが営まれているのか，地元の人々が納得して誇りに思うことが，何よりも湿原の保全と復元には必要なのである．

　サロベツ湿原では，さらに，道路側溝からの排水の影響でササの侵入・優占が顕著な場所で，植生復元をより迅速に進めるための人為的な植生復元手法の検討を行った．湿原植生の復元は，できるだけ手をかけずに湿原の潜在性を引き出す方法で行われるのが望ましいことは，前に述べた通りである．また，生物多様性の観点に立てば，遺伝子レベルでの攪乱は避けなければならず，復元のために，まったく異なる地域から植物を導入するのは問題がある．サロベツ湿原の場合，退行遷移が進みササが優占する場所に隣接して良好な高層湿原が広大に残っているため，復元のための植物（この場合はミズゴケ）の元を隣接地に求めても，遺伝子レベルでの攪乱の問題はほぼ起きない．ササに覆われた高層湿原に試験区を設け，ササの刈り払いを行う．そして，近接する湿原内から刈り取ってきたミズゴケ上部切片を散布する区としない区，散布したミズゴケが強風で飛ばされるのを防止するためのマルチングとその素材（湿原内から集める）の検討など，いくつかの条件を設定し，それぞれの条件の方形区を複数個ランダムに設置する．実験開始は1998年の11月で（図5.10），私と井上先生，学生たち，そして農学部名誉教授の梅田先生，当時2歳の私の息子も同行した．11月初めとなるとサロベツはすでに冬で，現地は気温10℃以下で体感気温はもっと低く，雨，雪，霰，雹とあらゆるものが襲ってきた．息子がツナギの防寒服に毛糸の帽子と手袋をはめて，梅田先生に抱っこしていただいていたのを今では懐かしく思い出す．それから6年間，毎年ササの刈り取りを年1回実施しながら調査を続けた．途中で橘ヒサ子先生からのアドバイスで追加実験区を増やすなどしながら継続し，その結果，3-4年でミズゴケのローン植生を回復することが可能なことが明らかになった（図5.11）．ただし，この手法をこのまま再生事業

図 5.10　サロベツ湿原ミズゴケ群落復元実験区の様子.

図 5.11　サロベツ湿原ミズゴケ群落復元実験区でミズゴケが繁茂した様子.

で活用すると，再生事業区画で毎年ササの地上部の刈り取りを続ける必要が生じ，手間と金がかかりすぎる．ミズゴケ植生復元作業とともに，一方で地下水位を上げる方策をとり，人による刈り取りの手間なしにササを撃退することが必要である．実験地は上サロベツ湿原の原生花園の木道園路付近に位置し，植生の劣化は道路側溝による排水が原因である．この側溝に堰を設け，堰上げで側溝内の水位を高く保つとササにダメージを与えることができることは，すでに井上先生の実験によって明らかにされている．ただし，実験を行った頃は，堰を高くし続けると，この木道付近にある駐車場と環境省のビジターセンター，売店が融雪期や大雨の後に冠水し，売店では床上浸水する危険があって，道路側溝の堰を常時高くできないという事情があった．今では，これらの施設は上流側の別の場所に新設され，床上浸水の危険はなくなった．今後，堰上げと植生復元手法をうまく組み合わせることで，復元が可能ではないかと期待される．

（3）行政・研究者・住民の連携と協働

石狩泥炭地の残存湿原は，美唄湿原と月ヶ湖湿原のみと第4章でご紹介したが，実は泥炭地内には農地に囲まれ退行遷移が進行し，劣化した湿原がわずかながら点在している．その多くは面積が狭く，乾燥化が著しい．植生は変化し，樹林やササ原に変化しているため，人々からは湿原ではなく荒地の意味も込めた「原野」と呼ばれている．調査してみると，このような原野には，かつて湿原だった頃に生育していた植物や，絶滅の危険が極めて高い貴重な植物がわずかながら残存していることがわかってきた（第3章の3.3節チョウジソウを参照）．近年，これらの原野を田園地帯や都市域での景観の多様性にも配慮しながら，地域の遺伝子資源と生物多様性を保持するための場所として保全しようという動きがある．

石狩泥炭地の米どころのひとつである新篠津村の残存泥炭地は，土地所有者と行政，研究者のコラボレーションによって新たな保全の1ページが開かれた場所である．新篠津村は札幌から北東約30kmに位置する農業地帯である．石狩川右岸沿いの江別市，当別町，月形町，新篠津村にまたがる面積1万2000haの篠津原野内（梅田ほか，1979）に位置し，石狩川が蛇行を繰り返しながら泥炭地内をゆっくりと流れていた時代に形成された三日月湖が

点在する．農業土木学会が編集した『農業土木史』の中の「北海道篠津泥炭地開発」（梅田ほか，1979）によれば，ここでは明治 29（1896）年から昭和初期にかけて，泥炭地開発のための排水対策として，排水路（篠津運河）の掘削が試みられた．しかし，泥炭の浮き上がりや法面崩壊などが起こり，排水路は十分な機能を発揮できなかった．戦後になり，1951 年から石狩川水域総合開発事業に基づく国営土地改良総合地区として篠津地域の事業計画化を図り，篠津運河の改修が着手された．2 年後の 1953 年に「石狩川水域泥炭地開発計画」が世界銀行に提出され，1955 年から融資を受け，大規模な開発事業が実施され，1970 年に完了，残存湿原はほとんどが農地に変わり，一帯は道内有数の稲作地帯へと発展した（国営造成施設直轄管理事業篠津地区概要 http://www.sp.hkd.mlit.go.jp/outline/agri/shinotsu/）．

　新篠津村沼ノ端に残された原野は，水田に囲まれた面積 2.3 ha の私有地である（図 3.29 参照）．2001 年の土地改良法の改正では，事業実施の原則として「環境との調和に配慮すること」が明記された．つまりこれまでとは異なり，行政には事業実施の際に環境や地域の生き物に配慮することが求められる．北海道石狩支庁は，新篠津村沼ノ端で農業基盤整備事業を行うに当たって，この原野の保全を前向きに検討することにした．

　原野は遠目に見ると，シラカンバの二次林にしか見えない．原野内には排水路を掘削した跡があり，そこを伝わって水が抜けやすくなっている．一方，地盤の低い場所やその周辺には，湿生の植物がわずかながら残存している．フロラ調査の結果，157 種類の植物が確認され，それらをまとめたものが図 5.12 である（加藤・冨士田，未発表）．この原野には，湿原だった時代の植物が一部生き残っているものの，乾燥化によって普通の山野の植物が生育し，さらに周辺農地や人の影響による雑草や帰化植物が侵入している．石狩支庁は数年をかけ保全方法を検討し，原野に隣接する用水路の整備に当たり，原野内に用水を引くことで地下水位低下を食い止める方策をとることにした．引水は 2006 年より開始したが，長い目で効果を検証しなければならない（詳しくは石狩支庁産業振興部調整課のホームページ http://www.ishikari.pref.hokkaido.lg.jp/ss/csi/news/deitansitti-1.htm）．5 月の連休明け頃から 8 月中旬までの水田用水期には，原野内に掘られたトレンチには灌漑期間全体で約 7 万 4000 m^3 の水が入れられた．これは平均すると毎秒 10 l ほどに

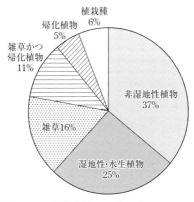

図 5.12 新篠津村沼ノ端泥炭原野のフロラ調査結果．出現種数 157（加藤・冨士田，未発表）．

なる．水はかけ流し状態でトレンチ付近から排水路に向かって移動する．それまで地表面から最大で -90 cm ほどまで低下することのあった地下水位は，導水によって -50 cm から -40 cm ほどまで回復させることができた（井上，未発表）が，用水が使用できるのは 8 月中旬までである．その後は，残念ながら見事に地下水位は元の深さまで低下してしまう．しかし 3 年目に当たる 2008 年 6 月下旬，現地に行ってみて驚いた．高さ 20 m 近くあるシラカンバが 10 本弱，立ち枯れているではないか（図 5.13）！ さらに，帰化植物が繁茂していた荒地部分では，水位が上がったことでヨシやイワノガリヤスなどが増えていた．引水した水は，再び排水路から逃げていくのだが，地下水位が上昇したことが，功を奏したのである．美唄でのトレンチによる引水の例では，水位を地表から 5 cm としたことと，高位泥炭地であることが，新篠津の例とは異なる結果となった原因のようである．新篠津は高位泥炭地というよりも中間泥炭地に近い場所であったため，元の植生もミズゴケの優占する高層湿原植生ではなかったと考えられる．また，湿原の劣化状況が著しく，表層泥炭の分解が進み，中間泥炭土であった時よりも，引水した水の移動が容易なのかもしれない．

さらに支庁の取り組みとは別に，NPO 法人「篠津泥炭農地環境保全の会」が 2007 年に設立された．泥炭地から大規模な農業地帯へと変わった篠津泥

図 5.13 新篠津村沼ノ端の原野で導水によって立ち枯れたシラカンバ（2013 年 7 月）．

炭地域では泥炭を土地基盤として，農地・農村が形成されている．この法人は，これらを持続させるために，その特異な農地環境の保全を図るため，残された湿地環境の保全・復元を行い，泥炭地開発の歴史的資料を保存することで今後の地域の保全的共栄を図ることを目的としている．篠津地域はまた，大都市札幌に近く，農村空間を基盤とした自然に触れ合う場としての利活用への期待も大きい．新篠津の沼ノ端の原野は，私有地であるが土地所有者の方のご好意で，保全を継続している場所である．今後は，今回の引水の良好な結果を受けて，どのように保全を進めていくべきか，所有者，行政，研究者，NPO 等で十分に検討する必要があるだろう．

一方，都市化の影響を受けた地域でも残存湿原の保全への取り組みが進みつつある．札幌市北区篠路町に残存する篠路湿原での取り組みは，第 4 章 4.4 節（5）項でご紹介した通りである

道内にはこのほかにも，湿原の保護活動を行う NPO 法人が活動している

(NPO法人霧多布湿原ナショナルトラスト，NPO法人トラストサルン釧路，NPO法人サロベツ・エコ・ネットワーク，雨竜沼湿原を愛する会など)．湿原で活動するNPOは，残存湿原の数に比べると非常に少ない．しかし多くのNPOは自然再生推進法の成立前から活動しており，地元の方々の湿原に対する気持ちは熱く，さらなる取り組みが期待される．

　以上のように，行政のみならず地域住民の熱意と工夫によって，今後，多様な形で湿原の保全が進むことが期待される．湿原が消えてしまわないうちに，取り組みが実りあるものになることを心から願っている．

引用文献

1.2

遠藤邦彦・小杉正人・松下まり子・宮地直道・菱田　量・高野　司. 1989. 千葉県古流山湾周辺域における完新世の環境変遷史とその意義. 第四紀研究, **28**：61-77.
小元久仁夫・大内　定. 1978. 仙台平野の完新世海水準変化に関する資料. 地理学評論, **51**：158-175.
森山昭雄・小野有五. 1981. 沖積平野.（町田　貞・井口正男・貝塚爽平・佐藤　正・榧根　勇・小野有五編：地形学辞典）pp. 411-412. 二宮書店, 東京.
辻誠一郎・鈴木　茂. 1977. 九十九里平野北部の沖積世干潟層の花粉分析的研究. 第四紀研究, **16**：1-12.
辻誠一郎・南木睦彦・小池裕子. 1983. 縄文時代以降の植生変化と農耕——村田川流域を例として. 第四紀研究, **22**：251-266.
安田喜憲. 1973. 宮城県多賀城址の泥炭の花粉学的研究——特に古代人による森林破壊について. 第四紀研究, **12**：49-62.

1.3

Charman, D. 2002. Peatlands and Environmental Change. John Wiley & Sons, England.
Fujita, H., Igarashi, Y., Hotes, S., Takada, M., Inoue, T. and Kaneko, M. 2009. An inventory of the mires of Hokkaido, Japan：their development, classification, decline, and conservation. Plant Ecology, **200**：9-36.
Gore, A. J. P. 1983. Introduction.（Gore, A. J. P., ed.：Ecosystems of the World 4A Mires：Swamp, Bog, Fen and Moor）. pp. 1-34. Elsevier, Amsterdam.
ホーテス, シュテファン. 2007. 湿地生態系の多様性——その分類と保全再生. 地球環境, **12**：21-36.
岩熊敏夫. 2010. 湿地の定義.（坂上潤一・中園幹生・島村　聡・伊藤　治・石澤公明編著：湿地環境と作物——環境と調和した作物生産をめざして）pp. 1-11. 養賢堂, 東京.
Mitsch, W. J. and Gosselink, J. G. 2015. Wetlands fifth ed. John Wiley & Sons, England.
農耕地土壌分類委員会. 1995. 農業環境技術研究所資料第17号　農耕地土壌分類第3次改訂版. 農林水産省農業環境技術研究所, つくば.

2.1

Charman, D. 2002. Peatlands and Environmental Change. John Willey & Sons,

England.

Gore, A. J. P. (ed.) 1983. Ecosystems of the World 4B Mires : Swamp, Bog, Fen and Moor. Elsevier, Amsterdam.

Lappalainen, E. (ed.) 1996. Global Peat Resources. International Peat Society, Finland.

Sakaguchi, Y. 1961. Paleogeographical studies of peat bogs in northern Japan. Journal of the Faculty of Science, University of Tokyo. Section 2, **12** : 421-513.

阪口　豊. 1974. 泥炭地の地学——環境の変化を探る. 東京大学出版会, 東京.

2.2

冨士田裕子・高田雅之・金子正美. 1997. 北海道の現存湿原リスト.（北海道湿原研究グループ編：北海道の湿原の変遷と現状の解析——湿原の保護を進めるために）pp. 3-14. 自然保護助成基金, 東京.

小林春毅・冨士田裕子. 北海道現存湿原目録 2016：湿地の概要と保護状況. 保全生態学研究, 投稿中.

2.3

Fujita, H., Igarashi, Y., Hotes, S., Takada, M., Inoue, T. and Kaneko, M. 2009. An inventory of the mires of Hokkaido, Japan—their development, classification, decline, and conservation. Plant Ecology, **200** : 9-36.

広瀬　亘・岩崎深雪・中川光弘. 2000. 北海道中央部〜西部の新第三紀火成活動の変遷：K-Ar 年代, 火山活動様式および全岩化学組成から見た東北日本弧北端の島弧火成活動の変遷. 地質学雑誌, **106** : 120-135.

方　晶・海津正倫・大平明夫. 1998. オホーツク海沿岸, 頓別川低地における泥炭層の AMS^{14}C 年代. 名古屋大学加速器質量分析計業績報告書, **9** : 149-154.

五十嵐八枝子. 2000. 北海道西南部高地の京極湿原における約 13000 年間の植生変遷史. 日本生態学会誌, **50** : 99-110.

五十嵐八枝子. 2002a. 別寒辺牛湿原の植生変遷史.（辻井達一・橘ヒサ子編著：北海道の湿原）pp. 43-50. 北海道大学図書刊行会, 札幌.

五十嵐八枝子. 2002b. 増毛山地・群馬岳湿原の花粉分析学的研究.（辻井達一・橘ヒサ子編著：北海道の湿原）pp. 171-177. 北海道大学図書刊行会, 札幌.

五十嵐八枝子. 2006. 利尻島の南浜湿原と沼浦湿原における完新世後期の植生変遷. 利尻研究, **25** : 71-82.

五十嵐八枝子. 2008. 利尻島の種富湿原における後期完新世の植生変遷史. 利尻研究, **27** : 1-7.

五十嵐八枝子. 2010. 北海道とサハリンにおける植生と気候の変遷史——花粉から植物の興亡と移動の歴史を探る. 第四紀研究, **49** : 241-253.

Igarashi, Y. 2013. Holocene vegetation and climate on Hokkaido Island, northern Japan. Quaternary International, **290-291** : 139-150.

五十嵐八枝子・藤原滉一郎. 1984. 北海道北部天塩山地の高地湿原堆積物の花粉分析. 第四紀研究, **23** : 213-218.

五十嵐八枝子・高橋伸幸. 1985. 北海道中央高地, 大雪山における高地湿原の起源と

その植生変遷（I）. 第四紀研究, **24**: 99-109.

五十嵐八枝子・五十嵐恒夫・大丸裕武・山田　治・宮城豊彦・松下勝秀・平松和彦. 1993. 北海道の剣淵盆地と富良野盆地における32000年間の植生変遷史. 第四紀研究, **32**: 89-105.

五十嵐八枝子・五十嵐恒夫・遠藤邦彦・山田　治・中川光弘・隅田まり. 2001. 北海道東部根室半島・歯舞湿原と落石岬湿原における晩氷期以降の植生変遷史. 植生史研究, **10**: 67-79.

五十嵐八枝子・生川淳一・加藤孝幸. 2005. 北海道中央部・富良野盆地とその周辺山地における過去12000年間の植生変遷史. 東京大学農学部演習林報告, **114**: 115-132.

Igarashi, Y., Yamamoto, M. and Ikehara, K. 2011. Climate and vegetation in Hokkaido, northern Japan, since the LGM: pollen records from core GH02-1030 off Tokachi in the northwestern Pacific. Journal of Asian Earth Science, **40**: 1102-1110.

五十嵐八枝子・成瀬敏郎・矢田貝真一・檀原　徹. 2012. 北部北海道の剣淵盆地におけるMIS 7以降の植生と気候の変遷史——特にMIS 6/5eとMIS 2/1について. 第四紀研究, **51**: 175-191.

Ikeya, N. and Hayashi, K. 1982. Geology of Kuromatunai area, Oshima Peninsula, Hokkaido. The Journal of the Geological Soceity of Japan, **88**: 613-632.

石塚吉浩. 1999. 北海道北部, 利尻火山の形成史. 火山, **44**: 23-40.

勝井義雄・五十嵐八枝子・合地信生・Kevin Johnson・池田稔彦・大瀬　昇. 1985. 知床半島遠音別岳原生自然環境保全地域および周縁の地質.（環境庁自然保護局編: 遠音別岳原生自然環境保全地域調査報告書）pp. 37-63. 環境庁自然保護局, 東京.

川上源太郎・小松原純子・嵯峨山積・仁科健二・廣瀬　亘・大津　直・木村克己. 2012. 北海道当別町川下地区で掘削された沖積層ボーリングコア（GS-HTB-1, GS-HTB-2）の層序学的および堆積学的解析. 地質学雑誌, **118**: 191-206.

紀藤典夫. 2008. サロベツ湿原の湿原植生変遷.（環境省: サロベツ湿原の保全再生にむけた泥炭地構造の解明と湿原変遷モデルの構築　平成18年度～平成20年度環境技術開発等推進費研究成果報告書）pp. 23-51. 環境省, 東京.

紀藤典夫. 2014. 湿原の地形と湿原形成.（冨士田裕子編著: サロベツ湿原と稚咲内砂丘林帯湖沼群——その構造と変化）pp. 5-7. 北海道大学出版会, 札幌.

国府谷盛明・松井公平・河内晋平・小林武彦. 1966. 5万分の1地質図幅説明書　大雪山. pp. 1-47. 北海道開発庁, 札幌.

国府谷盛明・小林武彦・金　喆祐・河内晋平. 1968. 5万分の1地質図幅説明書　旭岳. pp. 1-52. 北海道開発庁, 札幌.

国府谷盛明・小林武彦. 1970. 大雪火山. 地質ニュース, **191**: 12-20.

近藤玲介・佐藤雅彦・宮入陽介・松崎浩之. 2015. 利尻島, ギボシ沼割れ目火口におけるAMS^{14}C年代. 利尻研究, **34**: 61-66.

町田　洋・新井房夫・宮内崇裕・奥村晃史. 1987. 北日本を広くおおう洞爺火山灰. 第四紀研究, **26**: 129-145.

前田保夫. 1984. 完新世における北海道オホーツク海沿岸の古環境の変遷. 文部省科

学研究費　特定研究「古文化財」総括班.
前田保夫・松田　功・中田正夫・松島義章・松本英二・佐藤祐司. 1994. 完新世における北海道オホーツク海沿岸の海面変化――海面高度の観察値と理論値について. 山形大学紀要, **13**: 205-229.
松田　功. 1983. 斜里地方における花粉分析学的研究 I （トーツル沼）. 知床博物館研究報告, **5**: 77-93.
松田　功・前田保夫. 1984. 北海道白糠郡音別町ノトロ岬遺跡西方湿地の完新世の花粉分析. （山本文男編：ノトロ岬――音別町ノトロ岬遺跡発掘調査報告書　昭和58年度本文編） pp. 147-152. 音別町教育委員会, 北海道.
松井和典・一色直記・秦　光男・山口昇一・吉井守正・小野晃司・佐藤博之・沢村孝之助. 1967. 5万分の1地質図幅説明書　利尻島. pp. 1-25. 北海道開発庁, 札幌.
松実成忠・庄子貞雄・泉谷毅一. 1966. 泥炭地の発達様式について（第1報）. 風蓮川泥炭地（その1）. 日本土壌肥料学雑誌, **37**: 405-409.
松島義章. 2006. 貝が語る縄文海進――南関東, +2℃の世界（有隣新書）. 有隣堂, 横浜.
松下勝秀・五十嵐八枝子・梅田安治. 1985. 石狩泥炭地の生成とその変貌. 地下資源調査所報告, **57**: 71-88.
Morita, Y. 1984. Preliminary palynological studies of the moors in the uplands in Hokkaido. Ecological Review, **20**: 237-240.
守田益宗. 1985. 暑寒別岳雨竜沼湿原の花粉分析的研究. 東北地理, **37**: 166-172.
守田益宗. 2001a. 根室半島における後期更新世以降の植生変遷. 植生学会誌, **18**: 39-44.
守田益宗. 2001b. 北海道東部, ユルリ島における晩氷期以降の植生変遷. 植生史研究, **10**: 81-89.
守屋以智雄. 1978. 知床半島火山列を縦断する裂目. 東北地理, **30**: 66-67.
守屋以智雄. 1984. 知床半島天頂山の裂目火口. （日本火山学会編：空中写真による日本の火山地形） pp. 122-123. 東京大学出版会, 東京.
Nakagawa, T., Kitagawa, H., Yasuda, Y., Tarasov, P. E., Gotanda, K. and Sawai, Y. 2005. Pollen/event stratigraphy of the varved sediment of Lake Suigetsu, central Japan from 15, 701 to 10, 217 SG vyr BP (Suigetsu varve years before present): description, interpretation, and correlation with other regions. Quaternary Science Reviews, **24**: 1691-1701.
中村有吾・平川一臣. 2004. 北海道駒ヶ岳起源の広域テフラ, 駒ヶ岳gテフラの分布と噴出年代. 第四紀研究, **43**: 189-200.
日本の地質『北海道地方』編集委員会編. 1990. 日本の地質1　北海道地方. 共立出版, 東京.
大平明夫. 1995. 完新世におけるサロベツ原野の泥炭地の形成と古環境変化. 地理学評論, Ser. A, **68**: 695-712.
大平明夫・大津正倫・浜出　智. 1994. 風蓮湖周辺地域における完新世後半の湿原の形成. 第四紀研究, **33**: 45-50.
大平明夫・梅津正倫. 1999. 北海道北部, 大沼周辺低地における完新世の相対的海水準変動と地形発達. 地理学評論, Ser. A, **72**: 536-555.

岡崎由夫. 1966. 釧路の地質　釧路叢書第 7 巻. 釧路市叢書編集委員会, 釧路.
Okumura, K. 1966. Tephrochronology, correlation, and deformation of marine terraces in eastern Hokkaido, Japan. Geographical Reports of Tokyo Metropolitan University, **31**: 19-26.
小野有五・五十嵐八枝子. 1991. 北海道の自然史——氷期の森林を旅する. 北海道大学図書刊行会, 札幌.
太田陽子. 2009. 日本列島における完新世相対的海面変化および旧汀線高度の地域性. (日本第四紀学会 50 周年電子出版編集委員会編：デジタルブック最新第四紀学) チャプター 2-4. 日本第四紀学会, 東京.
Reimer P. J., Bard, E., Bayliss, A., Beck, J. W., Blackwell, P. G., Ramsey, C. B., Buck, C. E., Cheng, H., Edwards, R. L., Friedrich, M., Grootes, P. M., Guilderson, T. P., Haflidason, H., Hajdas, I., Hatté, C., Heaton, T. J., Hoffmann, D. L., Hogg, A. G., Hughen, K. A., Kaiser, K. F., Kromer, B., Manning, S. W., Niu, M., Reimer, R. W., Richards, D. A., Scott, E. M., Southon, J. R., Staff, R. A., Turney, C. S. M. and van der Plicht, J. 2013. IntCal13 and Marine13 radiocarbon age calibrationcurves 0-50000 years cal BP. Radiocarbon, **55**: 1869-1887.
利尻・礼文自然史研究会. 2013. 利尻島の湿原の生態系保全と自然史教育のための環境史・植生史に関する研究——ボーリング調査で探る南浜湿原の生い立ち. プロ・ナトゥーラ・ファンド助成　第 21 期助成成果報告書. pp. 101-116.
嵯峨山積・外崎徳二・近藤　務・岡村　聰・佐藤公則. 2010. 北海道石狩平野の上部更新統〜完新統の層序と古環境. 地質学雑誌, **116**: 13-26.
Sakaguchi, Y. 1961. Paleogeographical studies of peat bogs in northern Japan. Journal of the Faculty of Science, University of Tokyo. Section 2, **12**: 421-513.
阪口　豊. 1974. 泥炭地の地学——環境の変化を探る. 東京大学出版会, 東京.
Sakaguchi, Y. 1989. Some pollen records from Hokkaido and Sakhalin. Bulletin of the Department of Geography University of Tokyo, **21**: 1-17.
佐藤博光・秦　光男・小林　勇・山口昇一・石田正夫. 1964. 国領. 5 萬分の 1 地質図幅説明書. pp. 1-55. 工業技術院地質調査所, 川崎.
高田雅之・小杉和樹・野川裕史・佐藤雅彦. 2005. 利尻島南浜湿原及び種富湿原の泥炭形成過程について. 利尻研究, **24**: 49-64.
高橋伸幸. 1983. 大雪山高根が原周辺の崩壊地形. 日本地理学会予稿集, **24**: 88-89.
高橋伸幸. 1986. 札幌南西山地における 3 つの地すべりに関する ^{14}C 年代. 地理学評論 Ser. A, **59**: 98-107.
高橋伸幸・五十嵐八枝子. 1986. 北海道中央高地, 大雪山における高地湿原の起源とその植生変遷 (Ⅱ). 第四紀研究, **25**: 113-128.
高橋伸幸・中村俊夫・曽根敏雄・五十嵐八枝子. 1988. 大雪山の湿原における泥炭層基底付近の ^{14}C 年代. 第四紀研究, **27**: 39-41.
Takashimizu, Y., Shibuya, T., Abe, Y., Otsuka, T., Suzuki, S., Ishii, C., Miyama, Y., Konishi, H. and Hu, S. Gi. 2016. Depositional facies and sequence of the latest Pleistocene to Holocene incised valley fill in Kushiro Plain, Hokkaido, northern Japan. Quaternary International, **397**: 159-172.
滝谷美香・荻原法子. 1997. 西南北海道横津岳における最終氷期以降の植生変遷. 第

四紀研究, **36**: 217-234.
山岸宏光編. 1993. 北海道の地すべり地形　分布図とその解説. 北海道大学図書刊行会, 札幌.

2.4

大丸裕武. 1989. 完新世における豊平川扇状地とその下流氾濫原の形成過程. 地理学評論, Ser. A, **62**: 589-603.
北海道開発庁. 1963. 北海道未開発泥炭地調査報告. 北海道開発庁, 札幌.
五十嵐八枝子. 2000. 北海道西南部高地の京極湿原における約13000年間の植生変遷史. 日本生態学会誌, **50**: 99-110
飯塚仁四郎・瀬尾春雄. 1955. 北海道農業試験場土性調査報告第五編　天鹽國泥炭地土性調査報告その一　サロベツ原野を主体とする天鹽國北部. 北海道農業試験場, 札幌.
飯塚仁四郎・瀬尾春雄. 1956. 北海道農業試験場土性調査報告第八編　釧路國泥炭地土性調査報告その一　釧路原野を主体とする釧路國中部及び西半部. 北海道農業試験場, 札幌.
飯塚仁四郎・瀬尾春雄. 1966. 北海道農業試験場土性調査報告第十七編　釧路国泥炭地土性調査報告その二　厚岸原野を主体とする釧路国東部　十勝国および釧路国西北部泥炭地土性調査報告　日高国泥炭地土性調査報告. 北海道農業試験場, 札幌.
井上　京. 1997. 別寒辺牛泥炭地にみる低地泥炭湿原の水文環境と形成過程.（北海道湿原研究グループ編：北海道の湿原の変遷と現状の解析——湿原の保護を進めるために）pp. 41-47. 自然保護助成基金, 東京.
石井祐次・伊藤彩奈・中西利典・洪　完・堀　和明. 2014. 石狩低地内陸部で採取されたIK1コアが示す完新世の堆積環境・堆積速度の変化. 第四紀研究, **53**: 143-156.
川上源太郎・小松原純子・嵯峨山積・仁科健二・廣瀬　亘・大津　直・木村克己. 2012. 北海道当別町川下地区で掘削された沖積層ボーリングコア（GS-HTB-1, GS-HTB-2）の層序学的および堆積学的解析. 地質学雑誌, **118**: 191-206.
松下勝秀. 1979. 石狩海岸平野における埋没地形と上部更新～完新統について. 第四紀研究, **18**: 69-78.
宮地直道・神山和則. 1997. 石狩泥炭地における湿原の消滅過程と土地利用の変遷.（北海道湿原研究グループ編：北海道の湿原の変遷と現状の解析——湿原の保護を進めるために）pp. 49-57. 自然保護助成基金, 東京.
宮脇　昭. 1977. 日本の植生. 学研, 東京.
阪口　豊. 1958. サロベツ原野とその周辺の沖積世の古地理. 第四紀研究, **1**: 76-91.
庄子貞雄・松実成忠・泉谷毅一. 1966a. 泥炭地の発達様式について（第3報）. 日本土壌肥料学雑誌, **37**: 415-421.
庄子貞雄・松実成忠・泉谷毅一. 1966b. 泥炭地の発達様式について（第4報）. 日本土壌肥料学雑誌, **37**: 422-428.
橘ヒサ子・井上　京・新庄久志. 1997. 標津湿原の発達過程と植生.（北海道湿原研究グループ編：北海道の湿原の変遷と現状の解析——湿原の保護を進めるため

に）pp. 151-170. 自然保護助成基金, 東京.

高橋伸幸・五十嵐八枝子. 1986. 北海道中央高地, 大雪山における高地湿原の起源とその植生変遷（Ⅱ）. 第四紀研究, **25** : 113-128.

高橋伸幸・曽根敏雄. 1988. 北海道中央高地, 大雪山平ヶ岳南方湿原のパルサ. 地理学評論, Ser. A, **61** : 665-684.

高橋伸幸・中村俊夫・曽根敏雄・五十嵐八枝子. 1988. 大雪山の湿原における泥炭層基底付近の^{14}C 年代. 第四紀研究, **27** : 39-41.

Takashimizu, Y., Shibuya, T., Abe, Y., Otsuka, T., Suzuki, S., Ishii, C., Miyama, Y., Konishi, H. and Hu, S. G. 2016. Depositional facies and sequence of the latest Pleistocene to Holocene incised vally fill in Kushiro Plain, Hokkaido, northern Japan. Quaternary International, **397** : 159-172.

浦上啓太郎・飯塚仁四郎・瀬尾春雄. 1954. 北海道農業試験場土性調査報告第四編 石狩國泥炭地土性調査報告. 北海道農業試験場, 札幌.

2.5

Damman, A. W. H. 1988. Japanese raised bogs : their special position within the Holarctic with respect to vegetation, nutrient status and development. Veröffentlichungen des Geobotanischen Institutes, Stiftung Rübel, **98** : 330-353.

Gimingham, C. H. 1984. Some mire systems in Japan. Transaction of the Botanical Society of Edinburgh, **44** : 169-176.

吉良竜夫. 1948. 温量指数による垂直的な気候帯のわかちかたについて——日本の高冷地の合理的利用のために. 寒地農学, **2** : 143-173.

Sakaguchi, Y. 1961. Paleogeographical studies of peat bogs in northern Japan. Journal of the Faculty of Science, University of Tokyo. Section 2, **12** : 421-513.

阪口　豊. 1974. 泥炭地の地学——環境の変化を探る. 東京大学出版会, 東京.

Sakaguchi, Y. 1979. Distribution and genesis of Japanese peatlands. Bulletin of the Department of Geography, University of Tokyo, **11** : 17-42.

Suzuki, H. 1977. An outline of peatland vegetations of Japan. (Miyawaki, A., Tüxen, R. and Okuda, S. eds. : Vegetation Science and Environmental Protection) pp. 137-149. Maruzen, Tokyo.

橘ヒサ子. 1997. 北海道の湿原植生概説.（北海道湿原研究グループ編：北海道の湿原の変遷と現状の解析——湿原の保護を進めるために）pp. 15-27. 自然保護助成基金, 東京.

橘ヒサ子. 2002. 北海道の湿原植生とその保全.（辻井達一・橘ヒサ子編著：財団法人前田一歩園財団創立 20 周年記念論文集　北海道の湿原）pp. 285-301. 北海道大学図書刊行会, 札幌.

Wolejko, L. and Ito, K. 1986. Mires of Japan in relation to mire zones, volcanic activity and water chemistry. Japanese Journal of Ecology, **35** : 575-586.

3.1

江島由希子. 1995. ミズバショウ（*Lysichiton camtschatcense* (L.) Schott）の繁殖生態に関する研究——個体群の繁殖様式と種子生産効率との関係. 平成 6 年度北

海道大学大学院農学研究科修士論文.
Fujita, H. and Ejima, Y. 1997. Outline of life history of *Lysichiton camtschatcense* (Araceae). Miyabea, **3**: 9-15.
冨士田裕子・江島由希子. 1998. 北海道石狩川河口のハンノキ林床のミズバショウ（*Lysichiton camtschatcense*（L.）Schott）個体群における展葉フェノロジーと光環境の関係. 植物地理・分類研究, **46**: 77-84.
Hoshi, H. and Ohashi, H. 1993. Organization and development of organs in *Lysichiton camtschatcense*（L.）Schott（Araceae）. XV International Botanical Congress (Abstracts), Yokohama. pp. 232.
市川秀雄. 2002. ニセコ町でのムクゲネズミの確認と生息環境. 北大植物園研究紀要, **2**: 66-68.
大橋広好. 1982. サトイモ科.（佐竹義輔・大井次三郎・北村四郎・亘理俊次・冨成忠夫編著：日本の野生植物 草本Ⅰ単子葉類）pp. 127-139. 平凡社, 東京.
大塚孝一・北野 聡. 2003. 野ネズミによるザゼンソウ属３種の果実及び花序の捕食. 長野県自然保護研究所紀要, **6**: 29-34.
Rosendahl, C. O. 1911. Observations on the morphology of the underground stems of *Symplocarpus* and *Lysichiton*, together with some notes on geographical distribution and relationship. Minnesota Botanical Studies, **4**: 137-152.
田中 肇. 1997. ミズバショウの種子散布. 植物研究雑誌, **72**: 357.
田中 肇. 1998. ミズバショウの受粉生態学的研究. 植物研究雑誌, **73**: 35-41.
Tanaka, H. 2004. Reproductive biology of *Lysichiton camtschatcense*（Araceae）in Japan. Aroideana, **27**: 167-171.
Wada, N. and Uemura, S. 1994. Seed dispersal and predation by small rodents on the herbaceous understory plant *Symplocarpus renifolius*. The American Midland Naturalist, **132**: 320-327.

3.2

Fujita, H., Igarashi, Y., Kato, Y., Inoue, T. and Takada, M. 2012. Holocene Vegetation Change in Sarufutsu River Mire, Northern Hokkaido, Japan. The Proceeding of the 14th International Peat Congress, Extended abstract No. 124, 1-6.
加藤ゆき恵. 2011. 北海道におけるムセンスゲ *Carex livida*（Wahlenb.）Willd. の初発見地の検討と秋山茂雄博士による大雪山調査の足跡. 莎草研究, **16**: 1-22.
加藤ゆき恵. 2012. 北方系スゲ属植物の分布と生態に関する研究. 平成23年度北海道大学大学院農学院博士論文.
Kato, Y. and Fujita, H. 2011. Vegetation and microtopography of *Carex livida*: growing mires near Lake Rausu, Shiretoko Peninsula, eastern Hokkaido, Japan. Vegetation Science, **28**: 65-82.
加藤ゆき恵・冨士田裕子・井上 京. 2011. 北海道北部猿払川中流域における遺存種ムセンスゲが生育する湿原の植生と微地形. 植生学会誌, **28**: 19-37.
加藤ゆき恵・冨士田裕子. 2015. 大雪山高根ヶ原南部における遺存種ムセンスゲが生育する湿原の植生と微地形. 植生学会誌, **32**: 17-35.
勝井義雄・五十嵐八枝子・合地信生・Kevin Johnson・池田稔彦・大瀬 昇. 1985.

知床半島遠音別岳原生自然環境保全地域および周縁の地質.（環境庁自然保護局編：遠音別岳原生自然環境保全地域調査報告書）pp. 37-63. 環境庁自然保護局, 東京.

小林元男. 1987. ムセンスゲを猿払で採る. レポート日本の植物, **32**: 110.

Kudo, Y. 1922. Flora of the Island of Paramushir. Journal of the College of Agriculture, Hokkaido Imperial University, Sapporo, Japan, **11**: 23-174.

Lambeck, K., Yokoyama, Y. and Purcell, T. 2002. Into and out of the last glacial maximum: sea-level change during oxygen isotope stages 3 and 2. Quanternary Science Reviews, **21**: 343-360.

Miyabe, K. and Kudo, Y. 1931. Flora of Hokkaido and Saghalien Ⅱ: Monocotyledoneae Typhaceae to Cyperaceae. Journal of the Faculty of Agriculture, Hokkaido Imperial University, **26**: 81-277.

沼田　真編. 1983. 生態学辞典増補改訂版. 築地書館, 東京.

小野有五・五十嵐八枝子. 1991. 北海道の自然史――氷期の森林を旅する. 北海道大学図書刊行会, 札幌.

高橋英樹・岩崎　健. 2007. 羅臼湖周辺の植物相調査.（財団法人知床財団編：環境省請負事業平成18年度知床世界自然遺産地域生態系モニタリング調査業務報告書）pp. 139-176. 知床財団, 斜里町.
Available: http://dc.shiretoko-whc.com/data/research/report/h18/H18 seitaikei-monitoring.pdf

高橋伸幸・中村俊夫・曽根敏雄・五十嵐八枝子. 1988. 大雪山の湿原における泥炭層基底付近の^{14}C年代. 第四紀研究, **27**: 39-41.

舘脇　操. 1943. アカエゾマツ林の群落学的研究. 北海道帝國大學農學部演習林研究報告, **13**: 1-181.

舘脇　操・平野孝二. 1936. 南千島国後島に於ける湿原と砂丘上のアカエゾマツ林. 生態学研究, **2**: 105-113.

矢野梓水・百原　新・紀藤典夫・近藤玲介・井上　京・冨士田裕子. 2016. 大型植物遺体に基づく北海道北部猿払川丸山湿原の後期完新世植生変遷. 利尻研究, **35**: 83-91.

3.3

冨士田裕子・加川敬祐・東　隆行. 2016. 日本におけるチョウジソウ *Amsonia elliptica*（キョウチクトウ科）の産地とその現況. 保全生態学研究, **21**: 77-92.

北海道泥炭地研究所. 1995. イギリス・オランダ泥炭地の農業と自然――泥炭地調査視察の報告. 北海道泥炭地研究所, 新篠津村.

星野好博. 1939. 美唄泥炭地に於ける植物目録. 札幌農林学会報, **151**: 226-251.

堀田　満. 1974. 植物の進化生物学第Ⅲ巻　植物の分布と分化. 三省堂, 東京.

伊藤浩司. 1981. 北海道の高山植物と山草. 誠文堂新光社, 東京.

環境庁自然保護局野生生物課編. 2000. 改訂・日本の絶滅のおそれのある野生生物レッドデータブック8　植物Ⅰ（維管束植物）. 自然環境研究センター, 東京.

小泉源一. 1931. 前言.（前田勘次郎：南肥植物誌）. 自費出版, 熊本.

中井猛之進編著. 1976. 朝鮮森林植物編第五巻. 国書刊行会. 東京.

須賀　丈・岡本　透・丑丸敦史. 2012. 草地と日本人　日本列島草原1万年の旅. 築地書館, 東京.

舘脇　操. 1931. 石狩幌向原野植物目録（Ⅱ）. 札幌農林学会報, **23**: 103-134.

渡邊定元・大木正夫. 1960. 東北海道における温帯要素について. 北陸の植物, **8**: 97-101.

Wu, Z. and Raven, P. H. 1999. Flora of China vol. 16. Science Press, Beijing.

3. 4

知里真志保. 1976. 知里真志保著作集別巻Ⅰ　分類アイヌ語辞典　植物編・動物編. 平凡社, 東京.

中国科学院中国植物志編輯委員会. 1979. 中国植物志第二十一巻. 科学出版社, 北京.（In Chinese）

Fujimura, Y., Fujita, H., Kato, K. and Yanagiya, S. 2008. Vegetation dynamics related to sediment accumulation in Kushiro Mire, northeastern Japan. Plant Ecology, **199**: 115-124.

Fujita, H. 1998. Characteristics of the soil and water table in an *Aluns japonica* (Japanese alder) swamp. (Laderman, A. D. ed.: Coastally Restricted Forests) pp. 187-198. Oxford University Press, New York.

冨士田裕子. 2002. 湿地林.（崎尾　均・山本福壽編：水辺林の生態学）pp. 95-137. 東京大学出版会, 東京.

冨士田裕子. 2004. 釧路湿原内のハンノキ・ヤチダモの生長に及ぼす河川改修工事の影響. 植生学会誌, **21**: 89-101.

冨士田裕子. 2009. ハンノキ.（日本樹木誌編集委員会編：日本樹木誌一）pp. 549-575. 日本林業調査会, 東京.

Fujita, H. and Kikuchi, T. 1984. Water table of alder and neighbouring elm stands in a small tributary basin. Japanese Journal of Ecology, **34**: 473-475.

Fujita, H. and Fujimura, Y. 2008. Distribution pattern and regeneration of swamp forest species with respect to site conditions. (Sakio, H. and Tamura, T. eds.: Ecology of Riparian Forests in Japan Disturbance, Life History, and Regeneration) pp. 225-236. Springer, Tokyo.

Grosse, W., Schulte, A. and Fujita, H. 1993. Pressurized gas transport in two Japanese alder species in relation to their natural habitats. Ecological Research, **8**: 151-158.

Grosse, W., Armstrong, J. and Armstrong, W. 1996. A history of pressurised gas-flow studies in plants. Aquatic Botany, **54**: 87-100.

Grosse, W., Büchel, H. B. and Lattermann, S. 1998. Root aeration in wetland trees and its ecophysiological significance. (Laderman, A. D. ed.: Coastally Restricted Forests) pp. 293-305. Oxford University Press, New York.

飯塚仁二郎・瀬尾春雄. 1956. 北海道農業試験場土性調査報告第八編　釧路國泥炭地土性調査報告その一　釧路原野を主体とする釧路國中部及び西半部. 北海道農業試験場, 札幌.

伊藤浩司. 1989. カバノキ科.（佐竹義輔・原　寛・亘理俊次・冨成忠夫編：日本の野

生植物　木本Ⅰ）pp. 52-65. 平凡社, 東京.

伊藤晶子・清水　一. 1997. 滞水ストレス下でのハンノキとハルニレの光合成特性. 日本林学会北海道支部論文集, **45**: 139-141.

Iwanaga, F. and Yamamoto, F. 2008. Effects of flooding depth on growth, morphology and photosynthesis in *Alnus japonica* spceies. New Forests, **35**: 1-14.

門村　浩. 1981. 谷底平野.（町田　貞・井口正男・貝塚爽平・佐藤　正・榧根　勇・小野有五編：地形学辞典）p. 194. 二宮書店, 東京.

牧田　肇・菊池多賀夫・三浦　修・菅原　啓. 1976. 丘陵地河辺のハンノキ林・ハルニレ林とその立地にかかわる地形. 東北地理, **28**: 83-93.

Makita, H., Miyagi, T., Miura, O. and Kikuchi, T. 1979. A study of an alder forest and an elm forest with special reference to their geomorphological conditions in a small tributary basin. Bull. Yokohama Phytosociol Soc. Japn., **16**: 237-244.

宮脇　昭. 1977. 日本の植生. 学研, 東京.

村井三郎. 1962. 邦産ハンノキ属の植物分類地理学的研究（第Ⅰ報）高木樹種の比較研究. 林業試験場研究報告, **141**: 141-166.

長坂晶子. 2001. 北海道産落葉広葉樹5種の滞水試験——異なる滞水処理下での成長と葉の展開. 北海道林業試験場研究報告, **38**: 47-55.

中江篤記. 1959. ヤチダモ天然生林の実態調査における2, 3の知見について. 北方林業, **11**: 120-123.

中江篤記・酒瀬川武五郎・辰巳修三. 1960. 京都大学北海道演習林におけるヤチダモの育林学的研究第Ⅰ報　ヤチダモの育林に関する基礎的研究（天然生ヤチダモ老令林の生育状況について）. 京都大学農学部演習林報告, **29**: 33-64.

中江篤記・辰巳修三・酒瀬川武五郎. 1961. 京都大学北海道演習林における"ヤチダモ"の育林学的研究第Ⅱ報　ヤチダモ壮令林における林分構造成長過程並びに植生型について. 京都大学農学部演習林報告, **32**: 1-20.

中江篤記・真鍋逸平. 1963. 京都大学北海道演習林におけるヤチダモの育林学的研究第Ⅶ報　ヤチダモ苗の成長に及ぼす火山灰性黒色土壌の含有水分の影響について. 京都大学農学部演習林報告, **34**: 32-36.

中江篤記・辰巳修三. 1964. 京都大学北海道演習林におけるヤチダモの育林学的研究第Ⅷ報　人工造林地土壌の理化学的組成と生長量について. 京都大学農学部演習林報告, **35**: 157-176.

中谷曜子. 2007. 釧路湿原におけるハンノキ林の空間分布と分布特性に関する研究. 平成18年度北海道大学大学院農学研究科修士論文.

Negishi, T. 2008. Key factors controlling the size, biomass, and sprouting of Japanese alder swamp forest in Kushiro Mire, Hokkaido, Japan. Landscape and Ecological Engineering, **4**: 83-89.

日本生態学会生態系管理専門委員会. 2005. 自然再生事業指針. 保全生態学研究, **10**: 63-75.

舘脇　操・遠山三樹夫・五十嵐恒夫. 1967. 網走湖畔鉄道防雪林の植生——オホーツク海沿岸地帯に残存する代表的落葉広葉樹林の群落学的研究. 北海道大学農学部邦文紀要, **6**: 284-324.

Terazawa, K. and Kikuzawa, K. 1994. Effects of flooding on leaf dynamics and other seedling responses in flood-tolerant *Alnus japonica* and flood-intolerant *Betula platyphylla* var. *japonica*. Tree Physiology, **14**: 251-261.

寺沢和彦・清和研二・菊沢喜八郎. 1990. 滞水土壌条件下でも広葉樹稚苗の生育反応（Ⅱ）——葉の展開と落葉. 日本林学会大会発表論文集, **101**: 353-354.

山本福壽. 2002. 湿地林樹木の適応戦略. （崎尾　均・山本福壽編：水辺林の生態学）, pp. 139-167. 東京大学出版会, 東京.

Yamamoto, F., Sakata, T. and Terazawa, K. 1995a. Growth, morphology, stem anatomy, and ethylene production in flooded *Alnus japonica* seedlings. IAWA Journal, **16**: 47-59.

Yamamoto, F., Sakata, T. and Terazawa, K. 1995b. Physiological, morphological and anatomical responses of *Fraxinus mandshurica* seedlings to flooding. Tree Physiology, **15**: 713-719.

4.1

北海道開発庁. 1963. 北海道未開発泥炭地調査報告. 北海道開発庁, 札幌.

小林春毅・冨士田裕子. 北海道現在湿地目録2016：湿地の概要と保護状況. 保全生態学研究, 投稿中.

4.2

冨士田裕子. 1997a. サロベツ湿原の変遷と現状. （北海道湿原研究グループ編：北海道の湿原の変遷と現状の解析——湿原の保護を進めるために）pp. 59-71. 自然保護助成基金, 東京.

冨士田裕子. 1997b. 北海道の湿原の現状と問題点. （北海道湿原研究グループ編：北海道の湿原の変遷と現状の解析——湿原の保護を進めるために）pp. 231-237. 自然保護助成基金, 東京.

冨士田裕子・高田雅之・金子正美. 1997. 北海道の現存湿原リスト. （北海道湿原研究グループ編：北海道の湿原の変遷と現状の解析——湿原の保護を進めるために）pp. 3-14. 自然保護助成基金, 東京.

冨士田裕子・橘ヒサ子. 1998. 元国指定天然記念物静狩湿原の変遷過程と現存植生. 植生学会誌, **15**: 7-17.

Fujita, H., Igarashi, Y., Hotes, S., Takada, M., Inoue, T. and Kaneko, M. 2009. An inventory of the mires of Hokkaido, Japan—their development, classification, decline, and conservation. Plant Ecology, **200**: 9-36.

宮地直道・神山和則. 1997. 石狩泥炭地における湿原の消滅過程と土地利用の変遷. （北海道湿原研究グループ編：北海道の湿原の変遷と現状の解析——湿原の保護を進めるために）pp. 49-57. 自然保護助成基金, 東京.

佐藤雅俊・橘ヒサ子・大林　聡. 1997. 十勝海岸地域の湿原の現状と変遷. （北海道湿原研究グループ編：北海道の湿原の変遷と現状の解析——湿原の保護を進めるために）pp. 73-77. 自然保護助成基金, 東京.

植村　滋. 1997. 北オホーツク海岸地域の湿原の現状と変遷. （北海道湿原研究グループ編：北海道の湿原の変遷と現状の解析——湿原の保護を進めるために）pp.

83-91. 自然保護助成基金, 東京.

4.3

浅田政広. 1987. 静狩金山――北海道産金史研究. 経済学研究, **37**: 79-101.
冨士田裕子・橘ヒサ子. 1998. 元国指定天然記念物静狩湿原の変遷過程と現存植生. 植生学会誌, **15**: 7-17.
久保田和也・石田正夫・成田英吉. 1983. 地域地質研究報告5万分の1図幅長万部地域の地質. 工業技術院地質調査所, つくば.
Lee, A. Y., Fujita, H. and Igarashi, H. 2016. Changes and its features in wetland flora due to human disturbance caused by agricultural practices. Vegetation Science, **33**: 65-80.
Lee, A. Y., Fujita, H. and Kobayashi, H. (in press). Effects of drainage on open-water mire pools: open water shrinkage and vegetation shift of pool plant communities. Wetlands.
長万部町史編集室. 1977. 長万部町史. 長万部町.
品田 穣. 1971. 天然記念物保護の歴史とその意義.（本田正次・吉川 需・品田 穣編：天然記念物事典）pp. 307-318. 第一法規出版, 東京.
Tatewaki, M. 1924. An oecological study of the Shizukari-moor. 北海道帝国大学農学部卒業論文（未公刊）.
吉井義次・工藤祐舜. 1926. 北海道琵琶瀬並に静狩泥炭地調査報告. 天然記念物調査報告植物之部第5輯, pp. 25-38. 内務省, 東京.

4.4

冨士田裕子・武田恒平. 2002. 月ヶ湖湿原の植生.（辻井達一・橘ヒサ子編：財団法人前田一歩園財団創立20周年記念論文集　北海道の湿原）pp. 153-160. 北海道大学図書刊行会, 札幌.
冨士田裕子・井上 京. 2005. 札幌市篠路湿地の植生および水文環境の現状と保全について. 植生学会誌, **22**: 113-133.
平塚和弘. 1996. 札幌市で発見されたアオヤンマ. 北海道トンボ研究会報, **8**: 24
北海道開発庁. 1963. 北海道未開発泥炭地調査報告. 北海道開発庁, 札幌.
粕渕辰昭・宮地直道・神山和則・柳谷修自. 1994. 美唄湿原の水環境の特徴と保全. 日本土壌肥料学雑誌, **65**: 326-333.
粕渕辰昭・宮地直道・神山和則. 1995. 美唄湿原の保全と周辺農用地の管理. 農業土木学会誌, **63**: 255-260.
宮地直道・神山和則・大塚紘雄・粕渕辰昭. 1995. 美唄泥炭地における地盤沈下. 日本土壌肥料学雑誌, **66**: 465-473.
宮地直道・神山和則. 1997. 石狩泥炭地における湿原の消滅過程と土地利用の変遷.（北海道湿原研究グループ編：北海道の湿原の変遷と現状の解析――湿原の保護を進めるために）pp. 49-57. 自然保護助成基金, 東京.
農業土木学会・石狩川水系農業水利誌編集委員会編. 1994. 石狩川水系農業水利誌. 北海道開発局農業水産部, 札幌.
音羽道三・佐々木龍男・富岡悦郎・片山雅弘・天野洋司. 1978. 空知支庁土壌調査報

告. 北海道農業試験場土壌調査報告第 24 編. 札幌.
佐久間敏雄. 1991. 石狩川流域の土地利用開発 100 年——収穫から持続的農業へ. (北海道開発局農業水産部農業計画課編：石狩川流域の土地利用開発 100 年) pp. 71-113. 北海道開発局農業水産部農業計画課, 札幌.
瀬尾春雄・富岡悦郎・片山雅弘. 1965. 石狩国南部および胆振国東部 (一部) 土性調査報告. 北海道農業試験場土性調査報告第 15 編. 札幌.
橘ヒサ子. 2002. 北海道の湿原植生とその保全. (辻井達一・橘ヒサ子編：財団法人前田一歩園財団創立 20 周年記念論文集　北海道の湿原) pp. 285-301. 北海道大学図書刊行会, 札幌.
橘ヒサ子・伊藤浩司. 1980. サロベツ湿原の植物生態学的研究. 環境科学・北海道大学大学院環境科学研究科紀要, **3**: 73-134.
橘ヒサ子・冨士田裕子. 1996. 歌才湿原の植生. (北海道湿原研究グループ：歌才湿原調査報告書) pp. 2-19. 黒松内町ブナセンター, 黒松内町.
武田恒平. 2000. 北海道南西部における湿原の退行遷移系列に関する研究. 平成 11 年度北海道大学農学部卒業論文 (未公刊).
Tatewaki, M. 1924. An oecological study of the Shizukari-moor. 北海道帝国大学農学部卒業論文 (未公刊).
舘脇　操. 1928. 群落生態より見たる石狩國幌向泥炭地. 札幌農林學會報, **19**: 531-563.
浦上啓太郎・飯塚仁四郎・瀬尾春雄. 1954. 北海道農業試験場土性調査報告第四編石狩國泥炭地土性調査報告. 北海道農業試験場, 札幌.
綿路昌史・円山富貴・鹿能真由美・吉沼利章・田口真澄. 1999. 消滅しつつある北海道石狩川湿地帯 (仮称) 篠路福移湿地におけるカラカネイトトンボ *Nehalennia speciosa* (Coenagrionidae, Odonata) の生息状況とその行動・生活史について, PART1 成虫について. 北海道トンボ研究会報, **11**: 10-18.

4.5

Ahn, Y. S., Mizugaki, S., Nakamura, F. and Nakamura, Y. 2006. Historical change in lake sedimentation in Lake Takkobu, Kushiro Mire, northern Japan over the last 300 years. Geomorphology, **78**: 321-334.
藤村善安・冨士田裕子・加藤邦彦・竹中　眞・柳谷修自. 2006. 湿原における植生——立地環境の関係解析のための水位環境指標値. 応用生態工学, **9**: 129-140.
Fujimura, Y., Fujita, H., Kato, K. and Yanagiya, S. 2008. Vegetation dynamics related to sediment accumulation in Kushiro Mire, northeastern Japan. Plant Ecology, **199**: 115-124.
藤村善安・加藤邦彦・藤原英司・冨士田裕子・竹中　眞・柳谷修自・永田　修. 2010. 釧路湿原久著呂川後背湿地における土砂堆積履歴と堆積厚の推定. 日本生態学会誌, **60**: 157-168.
冨士田裕子・中谷曜子・佐ުߠ雅俊. 2008. 釧路湿原内での北海道開発局による広域湛水実験の問題点と跡地の植生. 保全生態学研究, **13**: 237-248.
北海道開発庁. 1963. 北海道未開発泥炭地調査報告. 北海道開発庁, 札幌.
Kameyama, S., Yamagata, Y., Nakamura, F. and Kaneko, M. 2001. Development of WTI and turbidity estimation model using SMA : application to Kushiro Mire,

eastern Hokkaido, Japan. Remote Sensing of Environment, **77**: 1-9.

釧路湿原の河川環境保全に関する検討委員会. 2001. 釧路湿原の河川環境保全に関する提言. 国土交通省北海道開発局釧路開発建設部, 釧路.

水垣 滋. 2017. 釧路湿原の土砂堆積と流域の変化.（矢部和夫・山田浩之・牛山克巳監修：湿地の科学と暮らし――北のウエットランド大全）pp. 309-318. 北海道大学出版会, 札幌.

水垣 滋・中村太士. 1999. 放射性降下物（Cs-137）を用いた釧路湿原河川流入部における土砂堆積厚の推定. 地形, **20**: 97-112.

Mizugaki, S., Nakamura, F. and Araya, T. 2006. Using dendrogeomorphology and ^{137}Cs and ^{210}Pb radiochronology to estimate recent changes in sedimentation rates in Kushiro Mire, northern Japan, resulting from land use change and river channelization. Catena, **68**: 25-40.

Nakamura, F., Suda, T., Kameyama, S. and Jitsu, M. 1997. Influences of channelization on discharge of suspended sediment and wetland vegetation in Kushiro Marsh, northern Japan. Geomorphology, **18**: 279-289.

Nakamura, F., Jitsu, M., Kameyama, S. and Mizugaki, S. 2002. Changes in riparian forests in the Kushiro Mire, Japan, associated with stream channelization. River Research and Applications, **18**: 65-79.

Nakamura, T., Uemura, S., Yabe, K. and Yamada, H. 2013. Phytometric assessment of alder seedling establishment in fen and bog: implications for forest expansion mechanisms in mire ecosystems. Plant Soil, **369**: 365-375.

小川茂男・深山一弥・Murdjiati, N. S. 1992. 衛星データによる釧路湿原の水域および周辺の土地利用の解析. 農業土木学会誌, **60**: 121-126.

岡崎由夫. 1975. 釧路湿原の変容――その開発と"非湿原"化.（釧路市郷土博物館編：釧路湿原総合調査報告書）pp. 3-15. 釧路市立郷土博物館, 釧路.

Shida, Y., Nakamura, F., Yamada, H., Nakamura, T. and Yoshimura, N. 2009. Factors determining the expansion of alder forests in a wetland isolated by artificial dikes and drainage ditches. Wetlands, **29**: 988-996.

Shida, Y. and Nakamura, F. 2011. Microenvironmental conditions for Japanese alder seedling establishment in a hummocky fen. Plant Ecology, **212**: 1819-1829.

5.1

遠州尋美. 1996. アメリカ合衆国のミティゲーション. 日本福祉大学経済論集, **12**: 1-25.

羽山伸一. 2003. 自然推進法案の形成過程と法案の問題点. 環境と公害, **32**: 52-57.

樫村利道. 2005. 尾瀬ヶ原.（福島 司編：植生管理学）pp. 39-45. 朝倉書店, 東京.

Kashimura, T. and Tachibana, H. 1982. The vegetation of the Ozegahara moor and its conservation. OZEGAHARA, Scientific researches of the high moor in central Japan, pp. 193-224. Japan Society for the Promotion of Science, Tokyo.

小島 望. 2003.「自然再生推進法」の"試金石"「釧路湿原再生事業」の正体. 北海道の自然, **41**: 38-42.

日本生態学会生態系管理専門委員会. 2005. 自然再生事業指針. 保全生態学研究, **10**:

63-75.

鷲谷いづみ.2003.自然再生推進法.(巌佐　庸・松本忠夫・菊沢喜八郎・日本生態学会編：生態学事典) p.210. 共立出版, 東京.

吉岡邦二・樫村利道・樋口利雄・馬場　篤・橘ヒサ子. 1975. 尾瀬湿原植生の復元研究　福島県文化財調査報告書第51集. 福島県教育委員会, 福島.

5.2

冨士田裕子.2006.フィールド調査から植物群落の保全手法を考える.(北海道大学北方生物圏フィールド科学センター編：フィールド科学への招待) pp.56-65. 三共出版, 東京.

Tachibana, H. 1976. Changes and revegetation in *Sphagnum* moors destroyed by human treading. Ecological Review, **18**:133-210.

Umeda, Y., Tsujii, T. and Inoue, T. 1985. Influence of banking on groundwater hydrology in peatland. Journal of the Faculty of Agriculture, Hokkaido University, **62**:222-235.

梅田安治・井上　京. 1995. 北海道における泥炭地湿原の保全対策. 農業土木学会誌, **63**:249-254.

吉岡邦二・樫村利道・樋口利雄・馬場　篤・橘ヒサ子. 1975. 尾瀬湿原植生の復元研究　福島県文化財調査報告書第51集. 福島県教育委員会, 福島.

5.3

藤本敏樹・飯山一平・坂井　舞・永田　修・長谷川周一. 2006. 高層湿原における原植生と侵入植生の蒸発散速度の比較. 土壌の物理性, **103**:39-47.

Iiyama, I., Fujimoto, T., Nagata, O. and Hasegawa, S. 2005. Formation of a groundwater table by trench irrigation and evapotraspiration in a drained peatland. Soil Science and Plant Nutrition, **51**:313-322.

飯山一平・藤本敏樹・永田　修・長谷川周一. 2006. 湿原植生復元のためのトレンチ灌漑による地下水制御. 農業土木学会誌, **74**:591-594.

伊藤純雄・駒田充生・君和田健二・栗崎弘利. 2001. 地下水環境解析に基づく高層湿原植生復元・保全の試み. 北海道農業試験場研究報告, **173**:1-36.

粕渕辰昭・宮地直道・神山和則・柳谷修自. 1994. 美唄湿原の水環境の特徴と保全. 日本土壌肥料学雑誌, **65**:326-333.

粕渕辰昭・宮地直道・神山和則. 1995. 美唄湿原の保全と周辺農用地の管理. 農業土木学会誌, **63**:255-260.

中瀬洋志・園生光義・中島和宏・会沢義徳. 2006. サロベツ泥炭地の農業と湿原の再生. 農業土木学会誌, **74**:699-702.

塩沢　昌・粕渕辰昭・宮地直道・神山和則. 1995. 一次元定常地下水流動モデルによる美唄湿原の地下水位分布の解析. 農業土木学会論文集, **176**:131-142.

鈴木　透・冨士田裕子・小林春毅・李　娥英・新美恵理子・小野　理. 2016. 北海道の湿地における植物データベースの構築と保全優先湿地の選定. 保全生態学研究, **21**:125-134.

椿　宜高. 2003. 生物多様性.(巌佐　庸・松本忠夫・菊沢喜八郎・日本生態学会編：

生態学事典)pp. 349-350. 共立出版, 東京.
梅田安治・崎浦誠治・松井芳明. 1979. 北海道篠津泥炭地開発. (農業土木学会編：農業土木史) pp. 1221-1256. 農業土木学会, 東京.
梅田安治・井上 京. 1995. 北海道における泥炭地湿原の保全対策. 農業土木学会誌, **63**:249-254.
梅田安治・清水雅男. 2003. サロベツ泥炭地形成図説明書. 北海道土地改良設計技術協会, 札幌.

おわりに

　自然環境の重要性と保全が叫ばれるようになって，いく久しい．自然保護運動は年々盛んになり，その成果として自然が守られた事例も増えてきた．喜ばしいことである．しかし残念ながら，自然保護運動が感情論に終始し，科学的根拠に裏打ちされた理論武装によって開発促進派を論破した例が少ないのも事実である．また，閉塞された日常を忘れるために，アウトドアライフが着実に盛んになっている．しかし実態は，道路が整備され車で気軽に移動し，電気も水も使え，もちろんテレビも見られる場所で，家と何ら変わらない生活を過ごして満足している．釣り人はゴミや釣り針・釣り糸を簡単に海や川，湖の周辺にポイ捨てし，高山では貴重な植物をお土産と称して盗掘しても窃盗とは思わない．国立公園内での山菜採りは，事実上規制することができない．真のアウトドアライフとは何だろうか……．

　近年，自然環境の修復や復元も叫ばれるようになった．法整備が進んでいるが議論が十分に尽くされていない．法や社会の変化に対して，まだまだ行政マンも含めた人々の意識改革が不十分であるし，自然再生が公共事業として税金の無駄遣いになっている例も多い．これは，謙虚な気持ちで自然や生物の不思議を知り，なおかつそれらに対して，人間も生物界の一生物であることを踏まえ敬意を払うところまで，日本人の意識が成熟していないからだろう．教育が必要だ．

　私は，湿原をパートナーに選び，研究を続けてきた．このパートナーの病巣が人為の影響でこれ以上進まないように，心を配っていきたい．授業や学生指導を通して若者に伝えていきたい．研究者としては新しい理論や斬新な研究はできない三流学者であるが，微力ながら社会と自然をつなぐ役割を少しでも果たせるよう，これからも努力していくつもりである．

　私がここまで好きなことを仕事として続けてこられたのは，よき指導者の先生方との出会いがあったからである．自然に対する謙虚な気持ちと，自然に接する喜びを教えてくださったのは，私の農学部時代の卒論指導教官で

あった西口親雄先生である．先生は退官後，たくさんの本をお書きになり社会に自然の不思議をわかりやすく紹介し続けていらっしゃる．その姿勢は，教官時代も今も変わらない．川渡の演習林を歩きながら，樹木の名前を丁寧に指導していただいたことは忘れることはない．また農学部学生時代，籍を置いた研究室の庄子貞夫先生には，土壌学一般のほか，研究に対する厳しく真摯な姿勢，いかにオリジナリティーを追究するか，いかに人に説得力のある話をするかを叩き込まれた．この指導なしでは現在の研究者としての私はなかった．さらに待望の理学研究科での指導教官であった菊池多賀夫先生には，植物生態学，植生学の基礎と，植物集団である群落のとらえ方を教わり，論文執筆の指導を再三していただいた．北海道に来て，北海道内の多くの湿原調査のチャンスを与えてくださったのが辻井達一先生であった．先生には，研究者も行政や市民との接点をもち続け，情報の社会還元・共有を行うことが，いかに重要であるかを教えていただいた．そして，湿原をまったく理解していなかった私に，湿原植生の調査方法や湿原環境の解析方法を指導してくださったのは橘ヒサ子先生である．お忙しいにもかかわらず，時間を割いてミズゴケの同定法まで教えていただいたし，尾瀬ヶ原で培った植生復元の手法等を指導していただいた．橘先生がこれまで書かれてきた北海道の湿原に関する数々の論文は，北海道の湿原を正確に記録した貴重な資料としてこれからも活用され続けるであろう．湿原に対する熱意と愛着，研究に対する探究心では，私は橘先生の足元にも及ばない．

　また，湿原の起源や湿原の形成過程について執筆する中で，五十嵐八枝子先生，新潟大学の髙清水康博准教授には，稚拙な私の原稿に適切なアドバイスをいただいた．猿払川湿原のプロジェクトでご一緒している皇學館大学の近藤玲介准教授には，原稿に対するアドバイスに加え，放射性炭素年代測定値の暦年較正値算出などで散々お世話になり，本書が少しでも正確な情報を皆さんにお伝えできるようご尽力いただいた．

　このように，多くの先生方のご指導があり，本書をまとめることができた．ここに記して心から御礼申し上げる．また，子育て仕事，さらには植物園の管理運営などで，ちっとも筆の進まない私を，辛抱強く励ましてくださった東京大学出版会編集部の光明義文氏に深く感謝する．

　最後に，決して経済的に裕福な家庭ではなかったのに大学院まで行かせて

もらい，さらに子供を抱えてフィールドワークもままならない状態になった私を支え続けてくれた，父と母に深く感謝する．また，様々な困難に直面し，落ち込む私に，勇気と力を与えてくれる息子にも感謝する．皆さま，本当にありがとうございました．

事項索引

ア 行

暖かさの指数　57
アーパ泥炭地　97
石狩低地帯　105
遺存種　91
浮島　147, 148
雨水涵養型　174
雨水涵養性　47
エチレン　124
オーキシン　124
温帯系植物の分布型　104

カ 行

開空度　75
海退　32
緩衝帯　208
完新世　31
Gap 分析　204
黒松内低地帯　105
ケルミ-シュレンケ複合体　53, 91
原野商法　142
高位泥炭地　54
鉱水涵養性　47
高層湿原　49
後背湿地　3
谷底平野　114

サ 行

最終氷期最寒冷期末期　49
^{14}C 年代値　32
雌性期　81
自然再生推進法　191
自然堤防　3

湿原　8
　──の残存率　140
　──の自然公園指定状況　143
　──の土地所有　142
　──ポリゴン　17
湿潤係数　13
湿性遷移系列　45
湿地　5
地盤変状（側方流動）　172
遮水シート　205
周氷河地形　43
シュレンケ（ホロー）　58
小凹地　58
沼沢地　11
小凸地　59
縄文海進　31
　──最盛期　32
植生復元　189
水文環境　55
すみわけ　127
生活環　69
生態系修復　190
生態系復元　190
生物多様性　200
セシウム（^{137}Cs）　180
創出　189
相補性解析　202
側芽　69
ソリフラクション　53

タ 行

退行遷移系列　194
耐水機構　124
第四紀　44

大陸系遺存植物　109
地下水位　120
池塘　148
　　──群　147
中間泥炭地　54
抽水植物　45
沖積作用　3
沖積平野　3
低位泥炭地　54
泥炭　10
　　──多産地域　13
　　──地　8,10
天然記念物　147

　　　　ナ　行

肉穂花序　68

　　　　ハ　行

パルサ　53
ハンノキ林　179
晩氷期　31
復元　189
　　──目標　192,193
仏炎苞　68
不定根　125
ブルテ（ブルト，ハンモック）　59

萌芽更新　128
放射性炭素年代測定　32
北海道の現存湿原　15,16
ホットスポット解析　202

　　　　マ　行

マスムーブメント　116
満鮮要素　109
ミティゲーション　190
無性繁殖　69
モニタリング　195

　　　　ヤ　行

ヤンガードリアス期　31
湧水湿地　11
雄性期　82
有性繁殖　69

　　　　ラ　行

ラムサール条約　5
陸化型の湿原　46
陸水涵養型　174
リハビリテーション　189
両性期　81
暦年較正年代値　32
ローン　59

生物名索引

ア 行

アカネズミ 84
アキノウナギツカミ 186
アメリカミズバショウ 66
イボミズゴケ 163,165,171
エゾカンゾウ 152
エゾノコンギク 164
エゾノタウゴキ 186
エゾヒツジグサ 146,152
エゾホシクサ 148,162,164,165
エゾヤチネズミ 84
エノキ 3
オオイヌノハナヒゲ 146,162,164,165,171

カ 行

カキツバタ 146
カキラン 165
カラフトイソツツジ 146,162,164
ガンコウラン 152,162
グイマツ 41
コアニチドリ 148,152
コバノトンボソウ 148

サ 行

サカイツツジ 40
ザゼンソウ 66
サトイモ科 64
サワギキョウ 146
サワラン 152
サンカクミズゴケ 165
ジュンサイ 146,152

タ 行

タウゴキ 186
タチギボウシ 163
チマキザサ 163
チョウジソウ 103
ツルコケモモ 146,162,163
トキソウ 148,152,164

ナ 行

ヌマガヤ 146,152,162-165,171
ノリウツギ 162,164,166

ハ 行

ハイイヌツゲ 146,162
ハナタネツケバナ 40
ハルニレ 116
ハンノキ 111
ヒメシャクナゲ 162
ヒメシロネ 162,163
ヒメネズミ 84
フトイ 45
フトハリミズゴケ 165
ホタルイ 146
ホロムイイチゴ 152
ホロムイクグ 161
ホロムイコウガイ 162
ホロムイスゲ 146,161,162
ホロムイソウ 148,161,162,165
ホロムイツツジ 146,161,162,164
ホロムイリンドウ 165

マ 行

マコモ 45

ミカヅキグサ　146, 162-165
ミズバショウ　64
ミゾソバ　184, 186
ミタケスゲ　171, 194
ミツガシワ　146
ムクゲネズミ　84
ムクノキ　3
ムセンスゲ　89
ムラサキミズゴケ　163, 171
ムラサキミミカキグサ　146, 162, 164
モウセンゴケ　146, 152, 164, 171

ヤ　行

ヤチカワズスゲ　162

ヤチスギラン　146, 148, 152, 162, 165
ヤチスゲ　148, 152
ヤチダモ　116
ヤチヤナギ　146
ヤマウルシ　146, 162-164, 166
ヤマドリゼンマイ　152
ユガミミズゴケ　164, 165
ヨシ　45, 146
ヨツバヒヨドリ　164

ワ　行

ワタスゲ　148, 162
ワラビ　164

著者略歴
1957 年　仙台市に生まれる．
1981 年　東北大学農学部卒業．
1986 年　東北大学大学院理学研究科生物学専攻博士後期過程修了．
　　　　新潟大学農学部助手，北海道大学農学部助手，北海道大学農学部助教授，北海道大学北方生物圏フィールド科学センター准教授などを経て，
現　在　北海道大学北方生物圏フィールド科学センター教授，北海道大学北方生物圏フィールド科学センター植物園園長，理学博士．

主要著書
『水辺林の生態学』（分担執筆，2002 年，東京大学出版会）
『北海道の湿原と植物』（共著，2003 年．北海道大学図書刊行会）
『植生管理学』（分担執筆，2005 年，朝倉書店）
『日本樹木誌 1』（分担執筆，2009 年，日本林業調査会）
『高山植物学――高山環境と植物の総合科学』（分担執筆，2009 年，共立出版）
『サロベツ湿原と稚咲内砂丘林帯湖沼群――その構造と変化』（編，2014 年，北海道大学出版会）
『シカの脅威と森の未来――シカ柵による植生保全の有効性と限界』（分担執筆，2015 年，文一総合出版）ほか．

湿原の植物誌
――北海道のフィールドから

2017 年 5 月 15 日　初　版

［検印廃止］

著　者　冨士田裕子
　　　　（ふじた ひろこ）

発行所　一般財団法人　東京大学出版会

代表者　吉見俊哉

153-0041 東京都目黒区駒場 4-5-29
電話 03-6407-1069・振替 00160-6-59964

印刷所　三美印刷株式会社
製本所　誠製本株式会社

Ⓒ 2017 Hiroko Fujita
ISBN 978-4-13-060250-1　Printed in Japan

[JCOPY]〈(社)出版者著作権管理機構　委託出版物〉
本書の無断複写は著作権法上での例外を除き禁じられています．複写される場合は，そのつど事前に，(社)出版者著作権管理機構（電話 03-3513-6969, FAX 03-3513-6979, e-mail:info@jcopy.or.jp）の許諾を得てください．

Natural History Series（継続刊行中）

日本の自然史博物館　糸魚川淳二著 ── A5判・240頁/4000円（品切）
●理論と実際とを対比させながら自然史博物館の将来像をさぐる．

恐竜学　小畠郁生編 ── A5判・368頁/4500円（品切）
犬塚則久・山崎信寿・杉本剛・瀬戸口烈司・木村達明・平野弘道著
●7人の日本の研究者がそれぞれ独特の研究視点からダイナミックに恐竜像を描く．

樹木社会学　渡邊定元著 ── A5判・464頁/5600円
●永年にわたり森林をみつめてきた著者が描き上げた森林と樹木の壮大な自然史．

動物分類学の論理　馬渡峻輔著 ── A5判・248頁/3800円
多様性を認識する方法
●誰もが知りたがっていた「分類することの論理」について気鋭の分類学者が明快に語る．

花の性　その進化を探る　矢原徹一著 ── A5判・328頁/4800円
●魅力あふれる野生植物の世界を鮮やかに読み解く．発見と興奮に満ちた科学の物語．

民族動物学　周達生著 ── A5判・240頁/3600円
アジアのフィールドから
●ヒトと動物たちをめぐるナチュラルヒストリー．

海洋民族学　秋道智彌著 ── A5判・272頁/3800円（品切）
海のナチュラリストたち
●太平洋の島じまに海人と生きものたちの織りなす世界をさぐる．

両生類の進化　松井正文著 ── A5判・312頁/4800円
●はじめて陸に上がった動物たちの自然史をダイナミックに描く．

シダ植物の自然史　岩槻邦男著 ── A5判・272頁/3400円（品切）
●「生きているとはどういうことか」を解く鍵を求め続けてきたあるナチュラリストの軌跡．

太古の海の記憶　池谷仙之・阿部勝巳著 ── A5判・248頁/3700円（品切）
オストラコーダの自然史
●新しい自然史科学へ向けて地球科学と生物科学の統合が始まる．

哺乳類の生態学　土肥昭夫・岩本俊孝・三浦慎悟・池田啓著 ── A5判・272頁/3800円（品切）
●気鋭の生態学者たちが描く〈魅惑的〉な野生動物の世界．

高山植物の生態学　増沢武弘著　──　A5判・232頁/3800円（品切）
●極限に生きる植物たちのたくみな生きざまをみる．

サメの自然史　谷内透著　──　A5判・280頁/4200円（品切）
●「海の狩人たち」を追い続けた海洋生物学者がとらえたかれらの多様な世界．

生物系統学　三中信宏著　──　A5判・480頁/5800円
●より精度の高い系統樹を求めて展開される現代の系統学．

テントウムシの自然史　佐々治寛之著　──　A5判・264頁/4000円（品切）
●身近な生きものたちに自然史科学の広がりと深まりをみる．

鰭脚類 [ききゃくるい]　和田一雄・伊藤徹魯著　──　A5判・296頁/4800円
アシカ・アザラシの自然史
●水生生活に適応した哺乳類の進化・生態・ヒトとのかかわりをみる．

植物の進化形態学　加藤雅啓著　──　A5判・256頁/4000円
●植物のかたちはどのように進化したのか．形態の多様性から種の多様性にせまる．

新しい自然史博物館　糸魚川淳二著　──　A5判・240頁/3800円（品切）
●これからの自然史博物館に求められる新しいパラダイムとはなにか．

地形植生誌　菊池多賀夫著　──　A5判・240頁/4400円
●精力的なフィールドワークと丹念な植生図の読解をもとに描く地形と植生の自然史．

日本コウモリ研究誌　前田喜四雄著　──　A5判・216頁/3700円（品切）
翼手類の自然史
●北海道から南西諸島まで，精力的にコウモリを訪ね歩いた研究者の記録．

爬虫類の進化　疋田努著　──　A5判・248頁/4400円
●トカゲ，ヘビ，カメ，ワニ……多様な爬虫類の自然史を気鋭のトカゲ学者が描写する．

生物体系学　直海俊一郎著　──　A5判・360頁/5200円（品切）
●生物体系学の構造・論理・歴史を分類学はじめ5つの視座から丹念に読み解く．

生物学名概論　平嶋義宏著　──　A5判・272頁/4600円
●身近な生物の学名をとおして基礎を学び，命名規約により理解を深める．

哺乳類の進化　遠藤秀紀著　———— A5判・400頁/5400円
●地球史を飾る動物たちの〈歴史性〉にナチュラルヒストリーが挑む．

動物進化形態学　倉谷滋著　———— A5判・632頁/7400円（品切）
●進化発生学の視点から脊椎動物のかたちの進化にせまる．

日本の植物園　岩槻邦男著　———— A5判・264頁/3800円
●植物園の歴史や現代的な意義を論じ，長期的な将来構想を提示する．

民族昆虫学　野中健一著　———— A5判・224頁/4200円
昆虫食の自然誌
●人間はなぜ昆虫を食べるのか——人類学や生物学などの枠組を越えた人間と自然の関係学．

シカの生態誌　高槻成紀著　———— A5判・496頁/7800円
●動物生態学と植物生態学の2つの座標軸から，シカの生態を鮮やかに描く．

ネズミの分類学　金子之史著　———— A5判・320頁/5000円
生物地理学の視点
●分類学的研究の集大成として，さらに自然史研究のモデルとして注目のモノグラフ．

化石の記憶　矢島道子著　———— A5判・240頁/3200円
古生物学の歴史をさかのぼる
●時代をさかのぼりながら，化石をめぐる物語を読み解こう．

ニホンカワウソ　安藤元一著　———— A5判・248頁/4400円
絶滅に学ぶ保全生物学
●身近な水辺の動物であったニホンカワウソ——かれらはなぜ絶滅しなくてはならなかったのか．

フィールド古生物学　大路樹生著　———— A5判・164頁/2800円
進化の足跡を化石から読み解く
●フィールドワークや研究史上のエピソードをまじえながら，古生物学の魅力を語る．

日本の動物園　石田戢著　———— A5判・272頁/3600円
●動物園学のすすめ——多様な視点からこれからの動物園を論じた決定版テキスト．

貝類学　佐々木猛智著　———— A5判・400頁/5400円
●化石種から現生種まで，軟体動物の多様な世界を体系化．著者撮影の精緻な写真を多数掲載．

リスの生態学　田村典子著　　A5判・224頁/3800円
●行動生態，進化生態，保全生態など生態学の主要なテーマにリスからアプローチ．

イルカの認知科学　村山司著　　A5判・224頁/3400円
異種間コミュニケーションへの挑戦
●イルカと話したい──「海の霊長類」の知能に認知科学の手法で迫る．

海の保全生態学　松田裕之著　　A5判・224頁/3600円
●マグロやクジラはどれだけ獲ってよいのか？　サンマやイワシはいつまで獲れるのか？

日本の水族館　内田詮三・荒井一利著　　A5判・240頁/3600円
　　　　　　　　西田清徳
●日本の水族館を牽引する名物館長たちが熱く語るユニークな水族館論．

トンボの生態学　渡辺守著　　A5判・260頁/4200円
●身近な昆虫──トンボをとおして生態学の基礎から応用まで統合的に解説．

フィールドサイエンティスト　佐藤哲著　　A5判・252頁/3600円
地域環境学という発想
●世界のフィールドを駆け巡り「ひとり学際研究」をつくりあげ，学問と社会の境界を乗り越える．

ニホンカモシカ　落合啓二著　　A5判・290頁/5300円
行動と生態
●40年におよぶ野外研究の集大成．徹底的な行動観察と個体識別による野生動物研究の優れたモデル．

新版 動物進化形態学　倉谷滋著　　A5判・768頁/12000円
●ゲーテの形態学から最先端の進化発生学まで，時空を超えて壮大なスケールで展開される進化論．

ウサギ学　山田文雄著　　A5判・296頁/4500円
隠れることと逃げることの生物学
●ようこそ，ウサギの世界へ！　40年にわたりウサギとつきあってきた研究者による集大成．

ここに表記された価格は本体価格です．ご購入の際には消費税が加算されますのでご了承下さい．